全国中医药行业高等教育"十四五"创新教材

动物实验实训教程

（供中药学、药学、中医学、中西医临床医学等专业用）

主　编　李姗姗　罗小泉

全国百佳图书出版单位

中国中医药出版社

·北　京·

图书在版编目（CIP）数据

动物实验实训教程 / 李姗姗，罗小泉主编 . -- 北京：
中国中医药出版社，2025.3. --（全国中医药行业高等
教育"十四五"创新教材）.
ISBN 978-7-5132-1228-1

Ⅰ . Q95-33

中国国家版本馆 CIP 数据核字第 20259NG582 号

中国中医药出版社出版

北京经济技术开发区科创十三街 31 号院二区 8 号楼
邮政编码　100176
传真　010-64405721
北京联兴盛业印刷股份有限公司印刷
各地新华书店经销

开本 787×1092　1/16　印张 8　彩插 0.5　字数 199 千字
2025 年 3 月第 1 版　2025 年 3 月第 1 次印刷
书号　ISBN 978 - 7 - 5132 - 1228 - 1

定价　38.00 元
网址　www.cptcm.com

服 务 热 线　010-64405510
购 书 热 线　010-89535836
维 权 打 假　010-64405753

微信服务号　zgzyycbs
微商城网址　https://kdt.im/LIdUGr
官 方 微 博　http://e.weibo.com/cptcm
天猫旗舰店网址　https://zgzyycbs.tmall.com

全国中医药行业高等教育"十四五"创新教材

《动物实验实训教程》编委会

主　编　李姗姗　罗小泉

副主编　艾志福　叶耀辉　刘志勇　陈丽玲

编　委（按姓氏笔画为序）

　　　　　吉燕华　刘　漩　刘春花　李中炼
　　　　　李龙雪　张　洁　胡海生　钟友宝
　　　　　袁可望

编写说明

在进行生命科学研究过程中，实验动物为其必需的材料，动物的标准化程度直接影响了整个实验的质量和水平。近年来，随着动物实验开展数量的急剧增长，科研工作者、院校师生对其相关知识的需求也逐渐显现。针对这种情况，我们组织编写了《动物实验实训教程》，目标是使科研工作者和师生运用相关理论知识科学地设计并规范地完成实验，以获得可靠的实验数据。本教材对实验动物相关知识点进行了精简并体现于相应的实施环节中，同时增加了中医药动物实验内容。

本教材共八章，第一章介绍实验动物的基本概念、研究内容、应用、发展概况、相关的管理机构与法律法规、动物实验的一般要求。第二章介绍动物实验的伦理要求及必要性、设计和进行动物实验需遵循的伦理原则、动物实验伦理的保障。第三章介绍实验动物遗传学和微生物学质量控制。第四章介绍实验动物饲养环境、饲料营养等方面的质量控制、运输实验动物的相关要求。第五章介绍与实验动物相关的生物危害及其防护。第六章介绍常用实验动物的生物学特性、应用和常用种系。第七章介绍动物实验设计的要素、基本原则、方法和步骤，以及动物保定、标记、给药、安乐死、取材等基本操作方法和技术。第八章介绍人类疾病动物模型的定义、发展概况、复制原则和分类，以及肿瘤动物模型、高血压动物模型、中医证候动物模型的概念和其他常用模型。

本教材第一章由吉燕华、胡海生、刘春花编写，第二章由李龙雪、刘志勇、叶耀辉编写，第三章由罗小泉、李中炼编写，第四章由陈丽玲、艾志福编写，第五章由钟友宝编写，第六章由罗小泉、李中炼编写，第七章由刘潇、李姗姗、袁可望编写，第八章由李龙雪、李姗姗、吉燕华、张洁编写。

本教材得到了院校教务处和实验动物科技中心的大力支持和鼎力帮助，

在此一并表示感谢！由于学识有限，不足之处请提出宝贵意见，以便再版时修订提高。

《动物实验实训教程》编委会
2025 年 3 月

目 录

第一章 实验动物与动物实验 …… 1

第一节 实验动物基本概念 ……… 1

一、实验动物概述 ………… 1

二、实验动物学及其研究内容 … 2

第二节 实验动物的应用 ……… 3

一、生命科学研究 ………… 3

二、药品研究 ………… 3

三、化学工业、农业和重工业
危害因子监测 ………… 3

四、军事科学研究 ………… 3

五、国际贸易检疫 ………… 3

第三节 实验动物学的发展 ……… 4

一、学科的萌芽阶段 ………… 4

二、学科的建立阶段 ………… 4

三、学科的发展阶段 ………… 4

第四节 实验动物与动物实验的
管理 ………… 5

一、实验动物相关法律法规 …… 5

二、实验动物相关组织和机构 … 7

三、我国实验动物管理体系 …… 7

四、动物实验的管理 ………… 8

第二章 动物实验福利和伦理 ……10

第一节 实验动物的伦理和福利 …10

一、实验动物的伦理 ………10

二、实验动物的福利 ………10

第二节 动物实验的伦理原则 ……11

第三节 实验动物伦理的实施保证…12

一、我国实验动物福利相关法律
法规 ………12

二、国际实验动物饲养管理评估
及协会认证 ………12

三、实验动物管理委员会或伦理
委员会 ………13

第四节 动物实验伦理审核过程和
要素 ………13

一、动物实验伦理审查的申请 …13

二、动物实验实施方案的审查 …14

三、动物实验实施过程的审查
机制 ………14

四、审查不通过的规定情形 ……15

第三章 实验动物质量控制 ………17

第一节 实验动物遗传学质量
控制 ………17

一、实验动物遗传学分类 ……17

二、实验动物的遗传质量监测 …22

第二节 实验动物微生物和寄生虫
质量控制 ………24

一、实验动物微生物学等级分类
………24

二、实验动物微生物和寄生虫
质量监测 ………25

第四章　实验动物饲养与应用条件
　　　　的控制 ……………………28
　第一节　实验动物环境设施的质量
　　　　　要求与控制 …………28
　　一、实验动物环境概述 ………28
　　二、实验动物环境设施的分类 …30
　　三、实验动物环境设施的要求 …31
　　四、实验动物环境设施的其他
　　　　要求 …………………33
　　五、实验动物环境设施的管理 …35
　　六、实验动物环境设施设备和
　　　　饲养设备 ………………39
　第二节　实验动物的饲料质量要求
　　　　　与控制 …………………40
　　一、实验动物的营养需要 ……40
　　二、饲料中的营养成分及其功能
　　　　…………………………41
　　三、实验动物饲料的质量控制 …42
　第三节　实验动物的运输要求与
　　　　　控制 …………………43
　　一、运输实验动物笼具的要求 …43
　　二、运输过程的管理和控制 ……43
　　三、动物运输后的适应性饲养与
　　　　恢复观察 ………………45

第五章　动物实验的生物安全 ……46
　第一节　生物安全的基本概念 ……46
　　一、生物安全的定义 …………46
　　二、生物安全的相关法规 ………47
　　三、生物安全的等级 …………48
　　四、生物安全实验室 …………49
　第二节　实验动物相关生物危害及
　　　　　控制 …………………50
　　一、废弃物 …………………50
　　二、动物尸体 ………………50

　　三、野生动物和昆虫 …………51
　　四、实验动物致敏原 …………51
　　五、有害气体 ………………51
　　六、动物性气溶胶 …………51
　　七、有毒有害供试品 …………52
　　八、意外创伤 ………………52
　　九、动物逃逸 ………………53
　第三节　动物实验人员的安全防护
　　　　　…………………………53
　　一、安全教育 ………………53
　　二、安全防护 ………………53
　第四节　常见人畜共患病及防护 …54
　　一、狂犬病及防护 …………54
　　二、流行性出血热及防护 ………55
　　三、沙门菌病及防护 …………55
　　四、布鲁菌病及防护 …………56
　　五、细菌性痢疾及防护 ………56
　　六、弓形虫病及防护 …………57
　　七、钩端螺旋体病及防护 ………57

第六章　常用实验动物……………59
　第一节　小鼠 ………………………59
　　一、生物学特性 ……………59
　　二、小鼠在医学生物学中的应用
　　　　…………………………63
　第二节　大鼠 ………………………64
　　一、生物学特性 ……………65
　　二、大鼠在医学生物学中的应用
　　　　…………………………66
　第三节　家兔 ………………………68
　　一、生物学特性 ……………68
　　二、家兔在医学生物学研究中的
　　　　应用 …………………70
　第四节　犬 …………………………71
　　一、生物学特性 ……………71

二、犬在医学生物学研究中的
应用 ……73
第五节 斑马鱼 ……74
一、生物学特性 ……74
二、斑马鱼在生物医学中的应用
……75

第七章 动物实验的设计和实施 …76
第一节 动物实验的设计 ……76
一、动物实验的设计要素 ……76
二、动物实验的设计原则 ……77
三、实验动物选择的基本原则 …79
四、动物实验设计的方法和步骤
……81
第二节 动物实验的实施 ……84
一、动物实验的前期准备 ……84
二、预实验的实施 ……85
三、正式实验的实施 ……85
四、实验数据的收集和整理 ……86
第三节 动物实验常用技术和方法
……88
一、实验动物的抓取与保定 ……88
二、实验动物的标记 ……90
三、实验动物的常用给药方法和
途径 ……90
四、实验动物的去毛方法 ……93
五、实验动物的血液采集方法 …94
六、实验动物的安乐死 ……96
七、实验动物的解剖、病理取材
方法 ……98

八、实验动物的麻醉方法 ……100
第八章 人类疾病动物模型 ……102
第一节 人类疾病动物模型概论…102
一、人类疾病动物模型的定义…102
二、人类疾病动物模型的
发展史 ……103
三、人类疾病动物模型的制作
原则 ……104
四、人类疾病动物模型的分类
……105
第二节 常见人类疾病动物模型
……107
一、肿瘤动物模型 ……107
二、糖尿病动物模型 ……109
三、中枢神经系统疾病动物
模型 ……111
第三节 中医证候动物模型 ……113
一、中医证候动物模型的定义…113
二、中医证候动物模型的研制
发展历程 ……113
三、中医证候动物模型的种类…114
四、中医证候动物模型的造模
方法 ……114
五、常用的中医证候动物模型
……115

主要参考书目 ……119

彩插图 ……120

第一章　实验动物与动物实验 ▷▷▷▷

纵观生物医学发展史，动物实验是进行生命科学相关研究的重要手段。实验动物被称为"活的试剂"。从生产环节来看，实验动物与试剂有着诸多相似之处，它们可由不同厂家产出，涵盖多种类型，但都遵循着严格统一的生产标准。然而，实验动物又有着独特之处，它们是活体，其种属、来源、所处的实验环境、实验人员的专业素养及实验操作的规范性等诸多因素都会对其产生的实验数据有很大影响。这种较大的不可控性，使得实验动物和动物实验的标准化程度成为决定实验能否成功的关键因素。因此，深入全面地了解实验动物的基础知识，精准地把控动物实验实施的关键环节，对于顺利开展并做好动物实验具有至关重要的意义。

第一节　实验动物基本概念

一、实验动物概述

实验动物（laboratory animal，LA）是指经人工培育或人工改造，对其携带的微生物进行控制，遗传背景明确或来源清楚，用于科学研究、教学、生产、鉴定和其他检测用途的动物。从理论上说，所有的动物都可以用于实验，即实验用动物（animal for research），其不仅包括实验动物，还包括有生命的和死亡的野生动物、经济动物、观赏动物和家畜等。由于野生动物、经济动物和家畜与实验动物相比，其生物学特征、遗传背景、微生物控制状态等都有一定的不确定性，因此应用这些动物进行科学实验和检测研究，其结果往往出现较大差异。实验动物是为研究的需要而培育建立的人工培育或改造的动物，其遗传特性和微生物特性均一稳定，背景明确，这就保证了实验动物对实验处理反应的一致性和实验结果的可靠性。

根据实验动物的定义和科学研究的要求，实验动物具有以下 4 个特点。

（一）经过人工培育，遗传背景清楚

实验动物经过人工培育，各种系遗传背景明确，遗传特性稳定，并具有各自独特的生物学特性。一方面，使用遗传特性一致的实验动物可保证实验结果的可靠性、精确性、均一性和可重复性；另一方面，不同种系实验动物独特的生物学特性也可满足不同研究的需要。根据实验动物的遗传学特点，现将实验动物分为封闭群或远交群、近交系

和杂交群。

（二）控制携带的微生物和寄生虫

在实验动物生产繁育和使用过程中，必须对其携带的微生物和寄生虫实行控制。根据对实验动物微生物和寄生虫的控制程度，我国目前将实验动物划分为3个等级：普通级（conventional，CV）、无特定病原体级（specific pathogen free，SPF）和无菌级（germ free，GF）动物。通过对实验动物携带的微生物和寄生虫实行控制，使其达到相应的微生物学等级标准，可保护饲养、实验等相关人员的健康，保证实验动物的质量和实验结果的准确性、可靠性。

（三）在特定的环境条件下饲育和使用

基于对微生物学等级的控制要求，实验动物必须饲养于达到一定要求的环境中，即要对实验动物的环境实行控制，包括饮水和饲料。不同等级的实验动物必须饲养于与之相适应的环境设施中。按照使用功能，我国将实验动物设施分为实验动物生产设施和实验动物实验设施；按照空气净化的控制程度，实验动物环境分为普通环境、屏障环境和隔离环境。各类环境所对应的使用功能、适用动物等级都有相应的规定和限制，以保证实验动物质量和动物实验的可靠性。

（四）应用范围明确

实验动物是用于科学研究、教学、生产、鉴定和其他检测用途的动物，为科学发展和人类健康服务，与经济动物、观赏动物和野生动物等的应用目的有较大区别。

二、实验动物学及其研究内容

实验动物学是一门以实验动物和动物实验技术为研究对象，产生实验动物资源、动物模型资源、动物实验技术、生物信息和动物实验设备等，为生命科学、医学、药学、食品、农业、环境、航空航天等相关学科发展提供系统性生物学材料和相关技术的综合性基础学科。其包括实验动物和动物实验两部分内容：前者研究如何培育和饲养标准化实验动物，即实验动物的标准化；后者研究如何在生命科学研究中准确选择、正确应用各类标准化实验动物，即动物实验的标准化。

实验动物学的研究内容简单归纳为以下几个方面：①实验动物生物学，主要研究内容为不同种系实验动物的一般生物学特性、解剖学特性、生理学特性、正常生理生化指标等。②实验动物遗传育种学，主要研究内容为根据遗传育种原理，采用生物技术手段，培育具有新的生物学特性的动物品系和各种模型动物。③实验动物环境生态学，主要研究内容为实验动物赖以生存的一切客观条件因素及其相互关系，以及对实验动物的影响。④实验动物微生物学和寄生虫学，主要研究内容为实验动物微生物和寄生虫的特性，以及对实验动物和人类的影响。⑤实验动物营养学，主要研究内容为营养对实验动物生长发育、疾病产生、实验结果的影响，以及不同种系实验动物对营养的需求。

⑥实验动物饲养管理学，主要研究内容为实验动物繁殖生产和动物实验的饲养管理技术。⑦实验动物医学，主要研究内容为动物疾病的发生发展及其防治。⑧比较医学，主要研究内容为不同物种（包括实验动物和人）的基本生命现象，以及健康与疾病状态间的比较。⑨动物实验技术，主要研究内容为使用实验动物进行各种科学实验的技术和方法。⑩实验动物福利和动物实验伦理学，主要研究内容为在实验动物生产和使用过程中对各种不良因素的有效控制和条件改善。⑪中医药实验动物学，主要研究内容为在中药学、中医学等研究领域中如何进行实验动物的应用或如何开展中医药动物实验研究。

第二节 实验动物的应用

实验动物应用很广，可以说，只要涉及人类相关的研究，都有实验动物的身影，其是生命科学研究的基础和重要支撑条件，有着不可替代的作用。

一、生命科学研究

生命科学相关研究离不开实验动物。在对人的各种生理现象、病理机制及疾病的防治研究中，各种疾病的发病、治疗与痊愈的机制，以及其生理、生化、病理、免疫等各方面的机理，都经过动物实验加以阐明或证实。与人们健康密切相关的产品，包括化妆品、消毒产品、保健食品等，都必须先经国家认定的机构采用实验动物进行安全性试验，证明其对人体无急性和慢性毒性，且无致癌、致畸、致突变作用后才能供应市场。

二、药品研究

新药必须通过大量的动物实验来进行严格的临床前安全性和有效性评价，通过后才能进入临床研究阶段。药品在生产过程中，也要通过动物实验进行安全性检验。同时，实验动物也是某些生物制品的生产原料，如利用猴肾细胞制备小儿麻痹症疫苗、用地鼠肾细胞制备乙型脑炎减毒活疫苗及人用狂犬病疫苗等。

三、化学工业、农业和重工业危害因子监测

在化学工业、农业和重工业等职业环境中的危害因子，如铅、苯、汞、锰、矽等防治方法的确认、监测，以及对其他有害物质的鉴定和防治，都必须选用动物进行实验后才能做出全面的评价。

四、军事科学研究

在各种武器杀伤效果和防护措施的研究中，以及在航天科学相关实验中，实验动物作为人类的替身而取得有价值的科学数据。

五、国际贸易检疫

进出口商品的检疫过程也离不开标准化的实验动物，以保证对外贸易的产品质量和

生物安全。

此外，实验动物还在交通、建筑、海洋、石油等方面具有广泛的应用，也是生命科学相关学科教学的重要实验材料。

第三节 实验动物学的发展

一、学科的萌芽阶段

古代就有科学家通过研究动物发展生命科学和医学的记载。例如，西方医学的奠基人希波克拉底（Hippocrates）通过动物解剖创立了四体液病理学说；罗马的克劳迪亚斯·盖伦（Claudius Galenus）以各种动物为模式，通过大量解剖知识形成了最早的生理学体系；英国的威廉·哈维（William Harvey），通过对不同动物的活体解剖，了解心脏跳动的实际情况，奠定了实验生理学的基础。

近代，1798 年，英国医生爱德华·詹纳（Edward Jenner）发现给人接种牛痘可以有效抵抗天花的感染；法国化学家路易斯·巴斯德（Louis Pasteur）研究僵蚕病、鸡霍乱和狂犬病，在 1879 ～ 1885 年先后发明了鸡霍乱疫苗、狂犬病疫苗；德国科学家罗伯特·科赫（Robert Koch）通过兔和小鼠研究农畜的炭疽病，于 1876 年分离了炭疽杆菌；俄国生理学家伊万·彼得罗维奇·巴甫洛夫（Ivan Petrovich Pavlov）以犬为研究对象，1891 年开始研究消化系统生理学，提出了著名的条件反射学说。

虽然上述实验使用的都是普通动物，但动物的使用在生物学、生理学、免疫学等学科的研究中都起到了重要的作用，而这些学科的发展也为实验动物学的形成和发展奠定了基础。

二、学科的建立阶段

19 世纪 20 年代，动物实验操作逐渐正规，因使用非标准化动物导致实验结果缺乏可重复性和可比较性的问题逐渐凸显。德国、英国、美国等国的科研组织逐渐开展了实验用动物质量控制和标准化工作。1956 年，联合国教科文组织发起成立了国际实验动物科学委员会（international council for laboratory animal science，ICLAS），以此为标志，实验动物科学真正形成。经过科研工作者的不懈努力，实验动物学不断融合生物学、动物学等内容，现已发展成为一门独立、综合性的基础学科。

目前，世界各国相继颁布了与实验动物相关的管理条例、法规或规范，逐步实现了实验动物生产和使用的标准化、商品化和社会化，并形成了较为完整的实验动物教育、科研、生产和使用管理体系，并在实验动物遗传学和微生物学质量控制、疾病动物模型的研究与应用方面取得了巨大进步。

三、学科的发展阶段

为满足生命科学的研究需要，实验动物学也在持续发展，研究内容不断深入。

（一）实验动物新品种、新品系的研究与开发

现代生物高新技术的发展和应用为实验动物种质资源提供了新的发展机遇，分子生物学克隆技术及转基因技术等的应用为开发实验动物新品种、新品系创造了条件。充分利用自然界的野生动物资源，发现其特有的生物学特征，使其实验动物化，也是学科发展的方向之一。

（二）实验动物替代研究

受西方动物保护主义运动的影响，实验动物学从过去注重饲养管理和实验技术操作，逐渐转变为注重"动物福利和动物实验的质量"，如何以细胞、组织、微生物或计算机技术代替实验动物，或通过优化动物实验设计和操作流程以减少实验动物的用量，成为生命科学研究者需要思考的问题。

（三）实验动物模型研究

1. 功能基因组实验的动物模型

随着生命科学研究从基因组的破译转向功能基因组的分析，实验动物模型是一个十分重要的环节。对基因功能的评估，重要的是从分子生物学迁移到整体模型动物的分析，研究在整体动物的基因相互作用下所产生的表现型或疾病。

2. 实验动物模型的计算机模拟系统

目前，计算机软件已广泛用于活体动物的基础生理指标研究、脑功能研究和生理行为测定系统。前沿科学家已开始思考如何使计算机模拟系统与实验动物模型结合起来，形成一个"科技整合系统"，应用于人类生物医学研究中。

3. 中医证候的动物模型

研究中医证候的动物模型，有助于清晰地展现传统中医基础理论的内涵与科学性。它为中药药理研究搭建了有效平台，便于深入探究中药的药效机制，进而助力新药研发。这不仅有利于推动中医药现代化进程，还能提升中医药在国际上的影响力。

第四节　实验动物与动物实验的管理

实验动物对遗传和微生物学的有较高要求，动物实验结果也对高水平饲养环境高度依赖，这些高水平条件都需要一套严格的制度来保证。各国或国际组织相继颁布了实验动物繁育和使用相关的法律法规，从法律层面给予制度保证，各实验动物组织和机构依据法律法规进行具体的管理工作。

一、实验动物相关法律法规

实验动物相关法律法规大致可分为国家法和国际法两类。目前，实验动物相关法律法规围绕满足科学研究对高质量实验动物的需求和保障动物福利两个方面来制定。

（一）满足科学研究对高质量实验动物的需求相关法律法规

在实验动物饲养管理方面，许多国家都有立法。如 1963 年美国芝加哥地区医学研究机构联合成立的动物饲养评议组撰写《实验动物设施和饲养指南》，后更名为《实验动物管理和使用指南》，现已出版至第 8 版；1986 年英国议会通过了《动物法》，其后英国内务部颁布了《科研用动物居住和管理操作规程》《繁育和供应单位动物居住和管理操作规程》《动物设施中的健康与安全规定》《废弃物的管理操作规程》等。

我国于 1988 年颁布了《实验动物管理条例》，这是我国第一部实验动物管理法律法规，共 8 章 35 条，从管理模式、实验动物饲育管理、检疫与传染控制、实验动物的应用、实验动物的进口与出口管理、实验动物工作人员及奖惩等方面明确了国家管理准则，标志着我国实验动物管理工作开始纳入法制化管理轨道。

1997 年，国家科学技术委员会与国家技术监督局联合发布了《实验动物质量管理办法》，共 5 章 26 条，对国家实验动物种子中心、实验动物生产和使用许可证、实验动物质量检测机构的管理做出明确的规定，还将实验动物质量检测机构划分为国家级和省级管理并赋予不同的任务。

2001 年，科学技术部、卫生部、教育部、农业部、国家质量监督检验检疫总局、国家中医药管理局、中国人民解放军总后勤部卫生部共同制定并发布了《实验动物许可证管理办法（试行）》，在全国范围内大力推行实验动物许可证制度。《实验动物许可证管理办法（试行）》共 5 章 23 条，明确许可证管理和发放的主体，规定申请许可证的条件、标准、审批和发放程序等，强调许可证的管理和监督。2004 年，相关部门对《实验动物许可证管理办法（试行）》进行了修改和补充。

1988 年以来，各省、自治区或直辖市也开始成立相应的管理部门，颁布相应的法律法规，如《江西省实验动物许可证管理实施细则》《北京市实验动物管理条例》等，进一步加强对本地区的实验动物和动物实验的管理。

（二）保障动物福利相关法律法规

自 1822 年英国通过"马丁法令"以来，世界已有 100 多个国家或地区制定了禁止虐待动物法或动物福利法。英国最早于 1876 年通过国会立法禁止虐待动物；美国在 1966 年制定动物福利法，旨在要求善待保护动物，其中包含有关实验动物或动物实验的条款；加拿大、日本也分别于 1966 年和 1973 年颁布相关法律规定，要求在实验过程中不得虐待动物，要正确使用麻醉、安乐死术以减少动物痛苦。

实验动物福利不仅引起世界各国的关注，一些国际组织也十分重视，并通过法律法规或指导性文件规范成员国的实验动物福利管理。如 1986 年欧洲议会通过《保护在试验中或为达到其他科学目的的使用脊椎动物的欧盟公约》、2003 年欧盟委员会通过《动物运输法规草案》、2000 年国际经济合作与发展组织发布《识别、评估和使用临床症状对试验用动物在安全状态下实施仁慈终点的指导文件》等。

我国颁布的《实验动物管理条例》《实验动物质量管理办法》虽不是专门保障实验

动物福利的法律法规，但在饲养、饮水、垫料和从业人员等方面体现了动物福利思想；2006 年，科学技术部发布了《关于善待实验动物的指导性意见》，对实验动物的饲养管理、使用、运输等方面的福利问题进行了规范。2018 年，国家质量监督检验检疫总局、国家标准化管理委员会发布《实验动物 福利伦理审查指南》（GB/T 35892–2018），对我国实验动物福利伦理审查及其质量管理予以规范。

二、实验动物相关组织和机构

（一）国际实验动物科学理事会（international council for laboratory animal science，ICLAS）

1956 年，联合国教科文组织、国际医学科学组织理事会、国际生物科学联合会共同发起成立了实验动物国际委员会。1961 年，实验动物国际委员会组织的活动得到世界卫生组织的支持，并于 1979 年正式更名为国际实验动物科学理事会。ICLAS 的组成包括国家会员（national member）、科学家会员（scientific member）、团体会员（associate member）、国际联合会会员（union member）及机构会员（institutional member）等，决议由常务理事会和管理委员会做出。我国现有科学家会员 1 名、机构会员 3 名。在国际上，ICLAS 提出了微生物学、寄生虫学、遗传学质量控制的参考标准，并在多国设立了微生物、遗传检测中心，依据有关标准开展检测工作。

（二）国际实验动物管理评估及认证协会（association for assessment and accreditation of laboratory animal care，AAALAC）

1965 年，AAALAC 成立于美国，是一家民间、非营利的国际认证机构，主要职责是促进高品质的动物管理和应用，推动生命科学的研究和教育。AAALAC 接受来自全球各个国家实验动物相关机构的申请，按照认证规则，结合当地法律法规及惯例制定标准，开展认证工作。

三、我国实验动物管理体系

目前，我国实验动物工作的管理模式是统一规划、条块结合、共同管理。由国家科学技术部主管全国实验动物工作，统一制定我国实验动物的发展规划，确定发展方向、发展目标和实施方案。省、自治区、直辖市科技厅（委、局）主管本地区的实验动物工作。国务院各有关部门负责管理本部门的实验动物工作，有关部门和地区设立实验动物管理委员会（办公室），专门负责实验动物管理工作。

在我国境内从事实验动物和相关产品保种、繁育、生产、供应、运输，以及有关商业性经营或使用实验动物、相关产品进行科学研究的组织或个人，具备相应条件（完备的配套设施设备、健全有效的管理制度和经过专业培训的科技人员、饲育人员等）后，才可向其所在的省、自治区、直辖市科技厅提交《实验动物生产许可证申请书》或《实验动物使用许可证申请书》，并附由省级实验动物检测机构出具的检测报告及相关材料。

各省、自治区、直辖市科技厅受理申请后，应组织专家组对申请单位的申请材料及实际情况进行审查和现场验收，出具专家组验收报告，并在受理申请后的 3 个月内给出相应的评审结果。合格者由省、自治区、直辖市科技厅签发批准实验动物生产或使用许可证的文件，发放许可证。

有条件的省、自治区、直辖市应建立省级实验动物质量检测机构，负责检查实验动物生产和使用单位涉及的实验动物质量及相关条件，为许可证的管理提供技术保障。尚未建立省级实验动物质量检测机构的省、自治区、直辖市，应委托其他省级实验动物质量检测机构检查实验动物质量及相关条件，且必须由委托方和受委托方的两省、自治区、直辖市科技厅签订协议，并报科技部备案。

为进一步推进政府职能转变，做好科技领域"放管服"改革和优化营商环境工作，按照国务院关于深化"证照分离"改革的决策部署，科技部研究于 2021 年印发《实验动物许可"证照分离"改革工作实施方案》，各省级科技主管部门正在根据方案制定实施细则。该方案的正式施行将会极大地方便从事与实验动物工作有关的组织和个人。

此外，中国实验动物学会和各省、自治区、直辖市成立的实验动物学会也是发展我国实验动物科学事业的重要社会力量，是由中国实验动物科学技术工作者自愿组成的学术性、非营利性的社会组织，在促进实验动物科学技术学术交流、开展知识技能培训、提供科技论证和咨询服务、普及科学知识等方面做了大量工作。

四、动物实验的管理

实施动物实验前，负责人需根据实验目的，制订科学的实验计划或方案，确认实验动物购买渠道、动物实验实施场所及其他实验条件，组织实验人员进行实验动物伦理、实验设施使用等培训，并向使用动物实验设施机构的实验动物管理委员会或实验动物伦理委员会提交审查申请，获得审查意见后才可实施动物实验。

（一）动物实验人员管理

动物实验人员应具有良好的职业道德和基本技能；对动物的皮毛、体液、粪便等无过敏反应；进行实验动物伦理、实验设施使用等相关培训并通过考核，从事特殊操作的人员还需取得相关资质。从事动物实验的人员还应定期进行健康检查，检查结果应符合动物实验工作要求。

（二）实验动物管理

动物实验负责人应当根据不同的实验目的，选用相应的合格实验动物。所使用的实验动物应符合微生物、寄生虫、遗传等质量控制的要求，获得相关单位开具的"实验动物质量合格证"，包装符合等级规范要求。运输工作由专人负责，装运工具应当安全、可靠。实验动物到达实验设施后，应按照标准操作规程进入实验环境，并进行检疫。动物验收检疫合格后，兽医通知实验人员，再进行后续的实验操作。

需要注意的是，申报科研课题和鉴定科研成果，应当把应用合格实验动物作为基本条件。应用不合格实验动物取得的检定或者安全评价结果无效，所生产的制品不得使用。

（三）实验条件管理

动物实验必须在与实验动物微生物学等级相对应的实验环境中进行，且所在单位必须已经取得由省级实验动物主管部门颁发的《实验动物使用许可证》。根据实验需要，配置相关的仪器设备和必要的防护用品。一般动物实验设施会提供符合相应微生物学级别的常规饲料、饮水、垫料、笼具等，有特殊需求，如高脂、高糖饲喂，则需注意特殊饲料的储存条件，并在保质期内使用完毕。

（四）动物实验过程管理

动物实验机构会对设施运行进行定期监督检查，监督设施运行情况，执行相应的标准操作规程和管理规定，以保证设施正常运行。实验动物管理委员会或实验动物伦理委员会对实验过程和动物福利伦理情况进行定期监督检查，监督实验进展和动物伦理保障情况，以保证实验结果的可靠性和实验动物福利。

动物实验实施者应严格按照实验计划或方案，以及标准操作规程进行实验，所有操作应符合实验动物伦理要求：对动物进行适应性的训练；在满足实验要求的前提下，缩短操作时间；根据实验动物种系和实验目的正确选用麻醉剂，并准确判断麻醉程度；实验结束后，根据动物种系、年龄、研究目的、安全性等选择使用安乐死术；动物死亡后，必须对动物死亡进行确认，并进行无害化处理。

（五）实验记录与档案管理

动物实验记录必须及时、真实、准确、完整、易于辨认；实验记录需修改时，采用画线方式去掉原书写内容，保证仍可辨认，并在修改处签字，避免随意涂抹或完全涂黑；实验结果、表格、图表和照片均应直接记录或装订在实验记录本中，电子数据资料应妥善保存拷贝。动物实验结束后，原始记录的各种材料应及时整理与归档。

第二章 动物实验福利和伦理 ▷▷▷▷

动物实验是进行生命科学相关研究的重要途径和手段。新知识的获得和新方法的应用都得益于动物实验，但其给动物造成的非正常痛苦带来了备受社会关注的伦理问题。同时，实验动物福利的程度也会直接影响实验结果的准确性和可靠性。因此，在动物实验过程中应尽可能地善待动物，不仅满足实验动物福利的要求，也可减轻实验动物的应激反应，提高实验结果准确性。

第一节 实验动物的伦理和福利

一、实验动物的伦理

伦理学是对道德、道德问题及道德判断所做的哲学思考，为哲学的一部分。随着人类道德进步及文明程度的提高，对人在自然中所处的地位、动物扮演的角色、人与动物之间的关系等相关问题的思考不断深入，进而出现了环境伦理学、动物伦理学等学科。实验动物伦理是人类对待实验动物和开展动物实验所需遵循的社会道德标准和原则理论，实验相关人员在动物实验过程中须遵守这些原则，最大限度地保障实验动物福利。

二、实验动物的福利

（一）动物福利

动物福利，即人类应该合理、人道地利用动物，要尽量保证那些为人类作出贡献的动物享有最基本的权利。动物福利应贯穿动物整个生命周期，即动物饲养、运输、宰杀等生命过程，要最大限度地减少他们的痛苦，善待活着的动物。按照现在国际上通认的说法，动物福利被普遍理解为"五大自由"：第一，享受不受饥渴的自由，为动物提供保持良好健康所需要的食物和饮水；第二，享有生活舒适的自由，为动物提供适宜的环境与舒适的栖息空间；第三，享有不受痛苦、伤害和疾病的自由，保证动物不受额外的疼痛，预防疾病并对患病动物进行及时的治疗；第四，享有生活无恐惧和无悲伤的自由，避免动物遭受精神痛苦的各种刺激和处置；第五，享有表达天性的自由，提供适宜的空间、玩具及同类伙伴的陪伴。

（二）实验动物福利

实验动物福利，是指在饲养、管理和使用实验动物的过程中，采取科学合理的有效措施，使实验动物享有洁净、安静、舒适的生活环境，受到良好的管理和照料，避免不必要的伤害、饥饿、惊恐、折磨、疾病和痛苦，保证其能够最大限度地实现自然行为。实验动物福利的最终目的，是实现实验动物科学价值和生命价值的平衡与统一。

许多动物实验的检测指标，如行为学和血压、心率等生理生化指标，都与动物是否被致病性微生物感染、动物的营养状况是否良好、动物的饲养环境等福利因素密切相关，即动物是否受到了不必要的伤害对于实验结果有着直接影响。尤其当环境、噪声、戏弄、刺激等因素引起实验动物的应激反应时，动物会出现惊恐、愤怒、精神高度紧张的外在表现，内在也表现出交感神经兴奋、肾上腺素分泌增加，导致血糖升高、血压上升、心率加快、呼吸加速等，过度和持久的应激反应还会影响动物内脏功能，导致多种病变。因此，在实验动物饲养、运输、抓取和固定过程中，特别是在实验实施之前和进行中，一定要善待动物，尽量减少动物的应激反应，保证动物实验结果的真实性和可靠性。

第二节　动物实验的伦理原则

在达成尽可能减少实验动物痛苦这个共识的基础上，动物实验需要遵循的总体原则是"尊重生命，科学、合理、人道地使用动物"，在具体进行实验设计和实际操作中，需遵循"3R"原则，即动物实验和实验动物的减少（reduction）、替代（replacement）及优化（refinement），经过几十年的发展，"3R"原则在生命科学领域中已被广泛采纳和应用。

1. 减少

减少（reduction）是指在科学研究中，使用较少量的动物获取同样多的实验数据或使用一定数量的动物能获得更多实验数据的科学方法。在研究工作开始之前，应选择最佳的实验方案，以达到减少实验动物使用量的目的。

2. 替代

替代（replacement）是指使用其他方法而不用动物进行实验或其他课题研究，以达到某一实验目的，或是使用没有知觉的实验材料代替活的脊椎动物进行实验的一种科学方法。具体是指，采用人道的方法处死动物，或使用细胞、组织及器官进行体外实验研究，或利用低等动物替代高等动物。

3. 优化

优化（refinement）是指在符合科学原则的基础上，通过改进实验条件，善待动物，提高动物福利，或完善实验程序和改进实验技术，避免或减轻给动物造成与实验目的无关的疼痛和紧张不安的科学方法。研究内容涉及实验设计、实验技术、人员培训及动物运输等方面。一些发达国家机构的实验动物管理委员会或伦理审查委员会在审查动物实验设计方案时，必须包括以下内容。

（1）充分阐明实验的必要性，并证明没有任何其他方法可以取代该动物实验。

（2）充分阐明实验的合理性，即所用的实验动物种类、品系、数量、性别、日龄等都是科学合理的。能用小动物进行的实验，就不选用非人灵长类，以及犬、猫等动物；用 10 只动物能完成实验，就不使用 11 只动物。

（3）明确实验过程可能给动物造成的痛苦有多大，有些专家制订了疼痛等级评分表。

（4）如果是用非人灵长类动物做实验，对实验完成后退役的动物必须有妥善安置的措施。

第三节　实验动物伦理的实施保证

在如何保证实验动物伦理原则的实施上，各国均以立法的形式对关键环节做出了法律规定。一些国际公认的组织依据伦理标准，对使用实验动物的机构进行认证，通过其认证的机构在实验动物质量、福利和生物安全等方面具有国际水准。实验动物主管机构或从业单位会设立实验动物管理委员会或伦理审查委员会，来保证动物实验全环节符合动物实验伦理的相关政策法规要求。

一、我国实验动物福利相关法律法规

为加强实验动物的管理工作，保证实验动物质量，适应科学研究、经济建设和社会发展的需要，我国于 1988 年制定并发布《实验动物管理条例》，这是我国实验动物法治化管理的法律基础。为了进一步落实《实验动物管理条例》，我国相继于 1997 年和 2001 年出台《实验动物质量管理办法》和《实验动物许可证管理办法（试行）》，与《实验动物管理条例》共同形成了我国实验动物管理政策法规的主要架构和主旨思想。它们虽不是保障实验动物福利的专门法律法规，但在饲养、饮水及垫料等方面体现了动物福利思想。2006 年，科学技术部发布《关于善待实验动物的指导性意见》，对实验动物的饲养、使用及运输等方面的福利进行了规范，成为我国第一部实验动物福利的指导性文件。2018 年，国家质量监督检验检疫总局、国家标准化管理委员会发布《实验动物福利伦理审查指南》（GB/T 35892–2018），规定实验动物在生产、运输和使用过程中的福利伦理审查和管理要求，包括审查机构、审查原则、审查内容、审查程序、审查规则及档案管理。

二、国际实验动物饲养管理评估及协会认证

1965 年成立的 AAALAC 是一个私营、非政府的公益性机构，通过自愿认证和评估计划，促进实验人员在研究、教学、测试过程中负责任地对待所用动物，以提高生命科学研究价值。其接受全球所有国家有关机构的认证申请，采用 3 个主要标准，即《实验动物管理和使用指南》《农业实验动物护理和使用指南》《保护在实验中或为达到其他科

学目的的使用脊椎动物的欧盟公约》，结合当地法律法规及惯例制定相应的标准，并开展认证工作。现在全球已有一千余家制药和生物技术公司、大学、医院、研究机构获得了 AAALAC 认证，我国已有一百余家单位获得该认证。

三、实验动物管理委员会或伦理委员会

实验动物管理委员会或伦理委员会根据不同的管理权限，可分为不同层级，由本级实验动物主管机构或从业单位负责组建和人员聘任。伦理委员会负责制定章程、审查程序、监督制度和制订培训计划等，并向上级管理机构报告工作。根据实验动物有关法律、规定和质量技术标准，负责各自管理权限范围内实验动物从业单位的实验动物福利伦理审查和监督，受理相关的举报和投诉。伦理委员会至少应由实验动物专家、医师、管理人员、科研人员、公众代表等不同方面的人员组成，设主席 1 名，副主席和委员若干，副主席和委员数量根据审查工作实际需要决定，但来自同一分支机构的委员不得超过 3 人。

伦理委员会依据必要性原则、保护性原则、福利性原则、伦理性原则、利益平衡性原则、公正性原则及合法性原则性等，对本单位相关的人员资质、设施条件、动物来源、技术规程、动物饲养、动物使用和动物运输等内容进行审查，出具审查报告。

第四节 动物实验伦理审核过程和要素

在实施动物实验前，动物实验负责人向伦理委员会提交审查申请，伦理委员会对申报材料进行审核，批准后才方可实施。在动物实验实施的过程中，伦理委员会对项目的实际执行情况进行日常检查。项目结束时，项目负责人应向伦理委员会提交项目伦理回顾性终结报告，接受项目的伦理终结审查。

一、动物实验伦理审查的申请

审查项目负责人应向伦理委员会提交正式的伦理审查申请表和相关的举证材料。申请材料应包括以下内容。

1. 实验项目的名称及相关情况概述。
2. 项目负责人和实验操作人员的姓名、培训经历、实验动物或实验资质培训证书编号、环境设施及相关许可证证号。
3. 项目实施的目的、必要性和内容设计，拟使用动物的信息，对动物造成的可预期的伤害及防控措施（包括麻醉、镇痛、仁慈终点和安乐死术等），动物替代、减少动物用量、降低动物痛苦伤害的主要措施及利害分析。
4. 遵守实验动物福利伦理原则的声明。
5. 伦理委员会要求的其他具体内容及其他补充文件。

二、动物实验实施方案的审查

在收到项目申报材料后，伦理委员会主席将指定委员进行初步审查。对于常规项目，通过首次审查后，可由主席或授权的副主席直接签发审查意见。对于新项目，应提交至伦理委员会进行审议，若存在争议，应邀请相关专家参与，并召开伦理委员会会议进行再次审查。伦理委员会应努力通过协商一致的方式作出决议，若无法达成一致，则遵循少数服从多数的原则，做出福利伦理审查决定，并由主席或授权副主席签发。

动物使用方案审查的核心要点如下。

1. 明确阐述申请使用动物的合理理由及具体目的。

2. 提供清晰简明的动物使用程序描述，确保所有伦理委员会成员能够轻松理解。

3. 探讨并采用侵害性较小的操作措施，考虑使用其他动物种类、离体器官制品、细胞或组织培养物，以及应用计算机模拟等替代方法的可行性和适宜性。

4. 合理说明所选动物种类和数量的依据，并尽量运用统计学方法来确定动物数量。

5. 避免不必要的实验项目重复，确保研究的独特性和价值。

6. 明确并规范动物的饲养和喂养要求，确保动物得到妥善照料。

7. 评估所申请操作程序对动物福利的潜在影响，确保符合动物福利标准。

8. 制订并实施适当的镇静、镇痛和麻醉措施，可考虑疼痛或侵害性的分级来辅助方案的制定和评审。

9. 详细描述外科手术的实施步骤，包括多项手术操作的具体安排和细节。

10. 规划并实施术后的护理和观察流程，包括术后治疗及动物评估记录的详细方案。

11. 清晰描述预期或选择的实验终点，并给出充分的理由和依据。

12. 预先设定并明确关于适时干预、从研究项目中撤换动物或因剧痛或精神紧张而采取安乐死术的判断准则和处理方式。

13. 明确对动物实施安乐死术或处置的方法，包括实验结束后对存活期较长动物的饲养管理计划和安排。

14. 确保实验人员接受充分培训，具备相关经验，并明确各自的角色和职责，确保实验顺利进行。

15. 规范危险物品的使用和管理，确保工作环境的安全，保障实验人员的生命安全和身体健康。

三、动物实验实施过程的审查机制

伦理委员会负责对已批准项目的实际执行情况进行日常监督与检查，一旦发现问题，将及时提出整改意见；对于严重违规情况，将立即做出暂停动物实验项目的决定。所有经审查并通过的项目，必须严格按照原批准的方案进行实施。若实验过程中涉及实验动物的任何重大改变或变更，均需在动物实验实施前重新提交申请，经审查批准后方可执行。项目书中应明确指定相关人员对项目承担主要责任。

实验动物相关重大改变或变更的内容如下。

1.实验设计方面，包括物种选择、数量及来源的合理性，以及动物的重复利用等。

2.实验程序及操作方法。

3.运输及搬运方法的变更，以及相关的限制条件。

4.对动物驯养、饲养、固定及操作性条件的改进措施。

5.为避免或减轻动物不适或身体机能的持续性损伤所采取的方法，如麻醉、止痛及其他舒缓措施（治疗、保暖、铺设软垫、辅助喂食等）。

6.仁慈终点的应用及动物的最终处理方式，包括安乐死的实施。

7.动物健康状况、饲养及护理情况的改善，包括环境丰富度的提升。

8.遵循"减少、替代、优化"原则及动物"五项自由"（享有不受饥渴的自由，享有生活舒适的自由，享有不受痛苦、伤害和疾病的自由，享有生活无恐惧和悲伤感的自由，享有表达天性的自由）的保障措施。

9.任何涉及健康安全风险的特殊实验的相关说明。

10.设施、设备、环境条件的改善及手术规程的更新。

11.项目中主要负责人及实际操作人员的变更情况。

12.使用动物项目的意义、目标、科研价值及社会效益的详细阐述（包括利弊分析）。

13.其他可能对动物福利伦理原则产生正面或负面影响的项目问题的考量。

四、审查不通过的规定情形

伦理委员会在审查过程中，若发现存在以下情形之一，将不予通过审查。

1.动物实验项目拒绝接受或逃避伦理审查的。

2.提交的举证材料不足或申请审查的材料不齐全、不真实的。

3.从事直接接触实验动物的生产、运输、研究和使用的人员未经专业培训，或明显违反实验动物福利伦理原则要求的。

4.实验动物的生产、运输、实验环境未达到相应等级的实验动物环境设施国家标准，或实验动物的饲料、笼具、垫料不合格的。

5.动物实验项目的设计或实施缺乏科学性，如未充分利用已有数据优化实验设计方案和实验指标，未科学选用实验动物种类及品系、造模方式或动物模型以提高实验成功率，未采用充分利用动物组织器官或较少动物获取更多实验数据的方法，未体现减少和替代实验动物使用原则的。

6.动物实验项目在设计与实施过程中，未充分展现善待动物、关爱动物生命的理念，未通过优化和完善实验程序来有效减轻或减少动物的疼痛，也未尽量减少动物不必要的处死及处死数量。同时，在处死动物的方法选择上，未采用能更有效减轻或缩短动物痛苦的方式。

7.在进行活体解剖动物或手术时，未采取麻醉措施，或使用了可能引起社会广泛伦理争议的极端手段进行动物实验。

8.动物实验的方法与目的不符合我国传统的道德伦理标准或国际通行惯例，或属于国家明确禁止的各类动物实验。同时，动物实验的目的与结果也与当代社会的期望及科学道德伦理相悖。

9. 开展了对人类或任何动物均无实际益处，且导致实验动物承受极端痛苦的各种动物实验。

10. 在没有充分理由的情况下，重复进行同一实验。

11. 在有关实验动物新技术的使用中，缺乏道德伦理控制，违背了人类传统生殖伦理，如将动物细胞导入人类胚胎或将人类细胞导入动物胚胎中培养杂交动物等实验，以及那些可能亵渎人类尊严、引起社会巨大伦理冲突的其他动物实验。

12. 开展了严重违反实验动物福利伦理审查原则的其他动物实验。

第三章　实验动物质量控制 ▷▷▷▷

实验动物是动物实验的基础资源，其遗传品质和微生物状态是影响实验动物选择和实验结果重要的因素。实验动物在生命科学研究领域中已被公认是不可缺少的"活体精密仪器"。要达到"精密"，就必须有一定的品质质量标准（遗传学质量、微生物和寄生虫控制标准），以保证在实验研究中具有良好的均一性、准确性和可重复性。

第一节　实验动物遗传学质量控制

不同种系的实验动物有不同的遗传学背景，实验动物的遗传特性很大程度上决定了它的应用。动物实验结果的重复性取决于动物个体的差异程度，而动物个体特征主要受遗传基因控制，故实验动物的遗传学质量对动物实验结果有重要影响。研究表明，不同基因型的动物，其生物学特性具有明显差异，对外来刺激呈不同反应。

一、实验动物遗传学分类

实验动物除了应适合实验目的和要求外，还必须具有基因高度纯合和敏感性强等基本条件。作为遗传已经受到严格控制的实验动物，它们的遗传组成被限定在一定范围内。根据遗传学控制方法，可将实验动物分为封闭群、近交系和杂交群。

（一）实验动物种系的基本概念

1. 种

种（species）是根据自然选择而形成的用于分类的基本单位。通常情况下，同种动物之间相互交配能繁殖后代，而异种动物之间则存在着生殖隔离。各种实验动物均来源于它们各自的野生型祖先，经过长期人工选择、驯化与培育，与其祖先有着显著的差异。

2. 品种

品种（stock）是根据人为选择所形成的"种"以下非自然的分类单位。在实验动物科学中，品种通常是指某些容易识别的动物外形及生物学特性，通过人工改良、选择、培育后，形成具有稳定遗传特征的动物群体。在实验动物学中，品种与种的概念完全不同，也是很容易混淆的两个基本概念。种主要来自自然选择，而品种则主要是人工选择的产物。如常用实验动物中，犬和兔各自构成一大种类，但它们又包含众多品种，如比格犬、四系杂交犬、黑白斑点短毛犬、新西兰兔、青紫兰兔、白毛黑眼兔等。

3. 品系

品系（strain）是根据不同实验目的，采用一定交配繁殖方式获得的基因高度纯合且具有共同遗传来源的动物群体。根据不同的交配繁殖方式，又可将品系划分为近交系、远交系、杂交系等。品种和品系是实验动物分类的基本单位。

（二）封闭群动物

1. 封闭群的定义

封闭群（closed colony）是以非近亲交配方式进行以上的群体繁殖生产的一个实验动物种群，在不从其外部引入新个体的条件下，至少连续繁殖 4 代。封闭群亦称远交群。封闭群是指引种于某亲本或同源亲本的动物，让其不以近交形式，也不与群外动物杂交而繁衍的动物群。要求整个群体尽量防止近亲交配而保持着遗传变异，既保持群体的一般特性，又保持动物的杂合性。个体间差异的程度，因引种来源不同而有所不同。若引种于一般杂种动物，则个体间差异就大；若引种于有近交史的动物，则个体间差异就小。

2. 封闭群的命名

封闭群由 2 ～ 4 个大写英文字母命名，种群名称前标明保持者的英文缩写名称，第一个字母须大写，后面的字母须小写，一般不超过 4 个字母。保持者与种群名称之间用冒号分开。例如，N:NIH，表示由美国国立卫生研究院（N）保持的 NIH 封闭群小鼠。Lac:LACA，表示由英国实验动物中心（Lac）保持的 LACA 封闭群小鼠。

3. 封闭群的特点

（1）封闭群为杂合子，避免了近交，能保持相当程度的杂合性，不会出现近交衰退。因此，封闭群的存活及生育能力都较近交系强，且具有繁殖率高、疾病抵抗力强等特点，可以大量生产，且供应量充足。

（2）封闭群由于没有引进新的血缘，其遗传特性及其他反应性能保持相对稳定，但就群内个体间而言，因其有杂合性，所以个体间的反应性具有差异，某些个体反应性强，某些个体反应性弱。因此，利用封闭群实验动物开展的实验，其重复性和一致性不如近交系动物好。

4. 封闭群的应用特点

目前封闭群实验动物在我国应用最为广泛，数量也远超过近交系实验动物，主要应用于教学实验、药物筛选和急慢性毒理实验、药理学和药代动力学实验、某些抗肿瘤药物的预实验，以及保存某些突变基因等。

（三）近交系动物

1. 近交系的定义

近交系（inbred strain）是经至少连续 20 代的全同胞兄妹交配培育而成，品系内所有个体都可追溯到起源于第 20 代或以后代数的一对共同祖先。经连续 20 代以上亲代与子代交配与全同胞兄妹交配有等同效果。近交系以兄妹交配方式维持，近交系数应大于

99%。

2. 近交系的命名

近交系动物的命名在国际上有统一规定，其规则是根据动物的来源、历史和培育经过，以一系列字母和数字作为品系代码来表示。近交系命名时符号应尽量简短、易于书写及电脑输入等，具体规则如下。

（1）通常以一个或数个大写英文字母表示，如 A、DBA、AKR 等。

（2）亦可用大写英文字母加阿拉伯数字命名，如 C3H、C57BL 等。

（3）非正规的命名，如已为人知，则可保留沿用，如 129、615 等。

（4）近交系的近交代数用大写英文字母 F 表示。通常在品系代码后加括号，先写"F"，后写代数；如 615（F25）表示 615 小鼠，近交代数为第 25 代。

3. 亚系

（1）定义　亚系是指一个近交系内各个分支的动物之间，已经发现或十分可能存在遗传差异。通常以下 3 种情况下会发生亚系分化。

1）在兄妹交配代数达 40 代以前形成的分支（分支发生于 F20 ～ F40）。

2）一个分支与其他分支分开繁殖超过 100 代。

3）已发现一个分支与其他分支存在遗传差异，产生这种差异的原因可能是残留杂合、突变或遗传污染（一个近交系与非本品系动物之间杂交引起遗传改变）。由遗传污染所形成的亚系，通常与原品系之间遗传差异较大，因此对这样的亚系应重新命名。

（2）命名　亚系的命名方法一般是在原品系的名称后加一道斜线，斜线后标明亚系的符号。亚系的符号可以有以下 4 种。

1）亚系的符号可以是数字，如 DBA/1、DBA/2 等。

2）亚系的符号可以是培育或产生亚系的单位或人的缩写英文名称，第一个字母用大写，后面的字母用小写。使用缩写英文名称时，应注意不要和已公布过的名称重复。例如，A/He，表示 A 近交系的 Heston 亚系；CBA/J，表示由美国杰克逊研究所保持的 CBA 近交系的亚系。

3）当一个保持者保持的一个近交系具有两个以上亚系时，可在数字后加保持者的缩写英文名称来表示亚系。如 C57BL/6J、C57BL/10J 分别表示由美国杰克逊研究所保持的 C57BL 近交系的两个亚系。

4）作为以上命名方法的例外情况是一些建立及命名较早，并为人们所熟知的近交系，亚系名称可用小写英义字母表示，如 BALB/c、C57BR/cd 等。

4. 特殊类型近交系

以近交系动物为背景，经过基因重组或使之携带突变基因所培育的近交系动物。

（1）重组近交系　指由两个近交系杂交后，经连续 20 代以上兄妹交配培育成的近交系。对重组近交系的命名，在两个亲代近交系的缩写名称中间加大写英文字母"X"命名，由相同双亲交配育成的一组近交系用阿拉伯数字予以区分。

例如，由 BALB/c 与 C57BL 两个近交系杂交育成的一组重组近交系，分别命名为 CXB1、CXB2。

（2）重组同类系　　指由两个近交系杂交后。子代与两个亲代近交系中的一个近交系进行数代回交（通常回交2代），再经无对特殊基因选择的近亲交配而育成的近交系。

重组同类系由两个亲代近交系的缩写名称中间加小写英文字母c命名，用其中做回交的亲代近交系（又称受体近交系）在前，供体近交系在后。由相同双亲育成的一组重组同类以阿拉伯数字予以区分。如CcS1，表示以BALB/c（C）为亲代受体近交系，以SIS（S）品系为供体近交系，经2代回交育成的编号为1的重组同类系。

（3）同源突变近交系　　指两个近交系，除了在一个指明位点等位基因不同外，其他遗传基因全部相同，简称同源突变系。同源突变系一般皆由近交系发生基因突变而形成。

同源突变近交系的命名由发生突变的近交系名称后加突变基因符号（用英文斜体印刷体）组成，两者之间以连接号分开，如DBA/Ha–*D*。当突变基因必须以杂合子形式保持时，用"+"号代表野生型基因，如A/Fa–+/*c*。

（4）同源导入近交系　　指通过回交的方式将一个基因导入已有近交系中，由此形成一个新的近交系。该近交系与原来的近交系只是在一个很小的染色体片段上存在不同，称为同源导入近交系（同类近交系），简称同源导入系（同类系）。对同源导入近交系进行命名，接受导入基因的近交系名称在前，后跟提供基因的近交系名称，两者之间以英文句号"."连接。如B10.129–*H*–12b，表示接受导入基因的近交系为C57BL/10sn（B10），导入B10的基因为*H*–12b，基因提供者为129/J近交系。

5. 近交系的特点

（1）基因纯合性　　通过连续20代以上的全同胞兄妹交配繁殖，近交系动物的等位基因已高度纯合化，等位基因已有98.6%以上完全纯合，仅有1%左右不纯合。因此，近交系内所有动物的各个基因位点都应该是纯合子，在这些动物中无暗藏的隐性基因。

（2）遗传稳定性　　近亲繁殖增加了在特定部位纯合子互相配合的可能性，个体残留少量的杂合基因或基因突变概率较低，遗传变异概率减少。持续采取近交繁殖，辅以定期遗传监测，及时发现并清除遗传变异的动物，基因型的高度纯合性可长期稳定，使近交系动物的遗传特征世代相传。

（3）基因等同性　　基因型是一切遗传基础的总和，是内在的遗传本质。同一近交系中所有个体在遗传上是同源的，它们的等位基因高度纯合，基因型相当稳定，具有基本相同的遗传构成和基因位点。

（4）表型均一性　　同基因型导致近交系内所有个体均具有相同的表型，尤其是可遗传的某些生物学特征，如毛色、血型、组织型、肿瘤发病率、形态学特征、药物反应等。但其他如体重、产崽数等由于受非遗传因素影响，可能有时会产生某些差异。

（5）个体代表性　　不同近交系均具有不同的遗传组成和生物学特性，表现出不同的反应性和敏感性，必须根据实验目的来选择不同的近交系。不能轻率地根据近交系动物遗传均一、基因型相同、反应性一致的特点，随意选择一个品系开展实验。如C3H小鼠为乳腺肿瘤高发品系，而C57BL小鼠为乳腺肿瘤低发品系。

（6）分布广泛性　　许多近交系在国际上广泛分布，从而有可能在世界各国之间进行比较研究。这在理论上意味着不同地区、不同国家的科学家，有可能去重复或验证已取得的理论和数据。但因环境变化可引起遗传变异，因此，环境条件应力求尽可能一致。

（7）资料可查性 近交系动物在保种和培育过程中通常都具备详细的记录，同时这些动物分布广泛，使用频繁，有大量的文献记载各个品系的生物学特征。这些文献资料对实验过程中选择适合的近交系具有指导作用，也为实验设计和实验结果分析提供了丰富的参考信息。

（8）品系可辨性 每个近交系均有其各自独特的遗传概貌，如生化基因及毛色基因等。选用生化位点、皮肤移植、毛色基因和下颌骨测量等不同方法进行定期监测，即可区分和识别各个近交系。

6. 近交系的应用

近交系动物个体间具有较高的一致性，能消除杂合遗传背景对实验结果产生的影响，来源清楚，取材方便，是胚胎学、生理学研究及基因连锁分析的理想实验材料。近交系动物对外界刺激反应均一，实验重复性好，研究时对照组和实验组所需的动物数目都较少，目前已在生物医学研究领域得到广泛应用。

（1）遗传学研究 同时采用多个近交系做对比研究，既可验证实验结果的普遍意义，又可分析不同遗传组成对实验结果的影响。

（2）肿瘤学研究 某些近交系自发性或诱发性肿瘤的发病率较高，同时许多肿瘤细胞株尚可在某些近交系动物体内传代，是肿瘤病因学、发病机制、实验治疗和药物筛选等研究方面的良好模型。

（3）生殖生理研究 近交系动物遗传背景明确、取材方便，是胚胎学、生理学研究及基因连锁分析的理想实验材料。

（4）异种组织移植 近交系动物个体间的组织相容性高，有利于异体组织移植，是组织细胞或肿瘤移植研究中较为理想的材料。

（5）制备疾病模型 近交衰退可使近交系动物隐性基因纯合性状得以暴露，可用于培育制备具有先天性畸形和先天性疾病的动物模型，如遗传性糖尿病及高血压模型等。

（四）杂交群动物

1. 杂交群的定义

杂交群（hybrids）是由不同品系或种群之间杂交产生的后代。在实验动物科学中，专门用于实验研究用的杂交群称为杂交一代（first filial generation，F1 代），它是由两个无关近交系之间进行杂交而繁殖的第一代动物。F1 代动物的遗传组成均等地来自两个近交品系，属于遗传均一且表型相同的动物群。F1 代动物不是一个品系或品种，因为它不具备育种功能，不能自群繁殖成与 F1 代相同基因型的动物。如 C57BL 品系小鼠基因为隐性基因（a），被毛呈黑色；C3H 品系小鼠基因为显性基因（A），被毛呈野鼠色；它们均为纯合子。当将此两者相互杂交后，产生的 F1 代基因型和表现型均一致，但到子二代（F2）时，则会发生遗传上的性状分离，因此不能用 F1 代动物培育纯系动物。

2. 杂交群的命名

两个用于杂交生产 F1 代动物的近交系为亲本品系（parental strain），提供雌性的为母系（maternal strain），提供雄性的为父系（paternal strain）。杂交群应按以下方式命名：雌性亲代名称在前，雄性亲代名称居后，两者之间以大写英文字母"X"相连表示杂交。将以上部分用括号括起，再在其后标明杂交的代数（F1、F2 等）。

3. 杂交群的应用

与封闭群相比，近交系动物在实验过程中的存活率、对疾病的抵抗力、对慢性实验的耐受性及对环境条件的适应能力方面相对较差。F1 代动物由于具有杂交优势，可以克服近交系动物的某些缺点，对长期实验的耐受性较强，对由于环境因素所引起变异的可能性也较近交系小。因此，杂交 F1 代动物既具备与近交系动物相同的遗传均一性，又克服了近交系动物因近交繁殖所引起的近交衰退，且存活率高，具有明显的杂种优势，如容易饲养管理、寿命长、繁殖力及抗病能力强等。目前在生物医学研究的很多领域中，杂交 F1 代动物已得到广泛应用。

二、实验动物的遗传质量监测

（一）遗传质量监测的意义

实验动物遗传质量监测，主要是指对实验小鼠的遗传质量监测。实验小鼠作为生物医学领域一种重要的研究工具，国内外已培育和保存了许多实验小鼠品系，包括封闭群、近交系、同类系、重组近交系和突变系，总数估计超过 500 种。由于这些品系的世界性分布，其中又产生了许多亚系。而在同品系的亚系之间，又往往存在许多潜在性的遗传差异，使得某些亚系可以携带或多或少已经改变了的基因组，而又保留着原来的命名。鉴于以上原因，当利用同一个品系进行实验时，可能得到相反的实验结果。此时，研究者常会将此种实验结果归因于环境和实验条件，而没有认识到它是一种遗传上的原因。近交系动物遗传质量检测的意义，在于按照小鼠标准化命名委员会的标准，对近交系进行审核，把一切等位基因有所改变的动物予以剔除。封闭群动物遗传监测的意义，在于保持遗传的稳定性，即确保群体内所有基因的基因频率比例始终保持不变，从而维持现存的遗传杂合性。

（二）不同实验动物的遗传质量监测

常需进行遗传质量监测的实验动物包括封闭群动物、近交系动物和杂交群动物，其中杂交群 F1 动物遗传特性均一，不再进行繁殖而直接用于实验，一般不对这些动物进行遗传质量监测，需要时参照近交系的检测方法进行质量监测。

1. 封闭群的遗传质量监测

目前在一个封闭群繁殖单元内常采用最大避免近亲法、循环交配法或随机交配法（数量足够大时）以免近亲交配。这些交配方法虽能有效控制近交系数的上升率，但对保持封闭群的遗传特性稳定作用有限，并不合适遗传漂变。因此除了采用合适的繁殖交配方法外，还应对封闭群的生物学特性进行定期遗传监测并加以控制，如通过生化标记和脱氧核糖核酸（deoxyribonucleic acid，DNA）多态性分析检测基因频率的稳定性，以及通过下颌骨测量法来判断它们是否为同一群体。此外，还可选择统计学分析法进行群体遗传质量检测，统计项目包括生长发育、繁殖性能、血液生理和生化指标等多种参数，通过连续监测来把握群体的正常范围，方法如下。

（1）下颌骨形态测量法　基于小鼠骨骼形态具有高度遗传性和品系特异性，下颌骨形态测量法已成为封闭群小鼠遗传背景监测的常规方法之一。下颌骨形态测量法：先将小鼠头骨煮沸 3 分钟以上，并用胰酶于 37℃条件下消化 24 小时后用清水洗净，取下颌骨置于 L 形直角坐标板上测量不同骨性标志的长度和高度，将各测量点的值记入表中，计算后与标准置信区间进行比较，落在置信区间内表示检验合格；落到置信区间外的表示不合格。此监测方法操作简便、费用低廉、不需要专业的仪器设备、实用性强，但精确度低。

（2）生化标记检测法　各种系小鼠、大鼠中相当多的同工酶和同种异构蛋白具有多态性，可选择其中一些易于用电泳方法区分、遗传差异性明显的同工酶和同种异构蛋白作为生化标记（biochemical marker）进行比较，是封闭群和近交系小鼠、大鼠常用的遗传检测方法。目前，常用的电泳方法是醋酸纤维薄膜电泳、淀粉凝胶电泳、聚丙烯酰胺胶电泳等。将待检标本点样、电泳及显色，然后分析得到电泳图谱，就可确定品系的遗传纯度，并能区分不同的品系，从而判断被检测品系的纯合程度。其具有检测基因位点明确、方法简便快速、比较经济等优点，但存在精确度不高的缺点。

2. 近交系的遗传质量监测

采用高度近交的动物可以减少实验动物数量和实验重复次数，提高实验结果的可比性、可重复性和准确性。为保证实验动物基因的纯合性，近交系动物培育过程中常对其进行遗传监测，以便及时发现和清除变异的个体。以往常用的遗传监测方法包括性状基因检测及生化标记检测等。随着分子遗传学技术的发展，遗传标记已经由形态遗传标记、细胞遗传标记、生化遗传标记，发展到分子水平上的遗传标记。在实际遗传监测方法应用中，应遵循准确、有效、简便和经济的原则。现常采用生化标记检测法和免疫标记检测法，还可选用毛色基因测试法、下颌骨测量法、染色体标记检测法、DNA 多态性检测法和基因组测序法。

（1）免疫标记检测法　常用于近交系小鼠、大鼠的遗传质量检测，主要包括皮肤移植法和小鼠 H-2 单倍型（haplotype）检测法。近交系皮肤移植法通过同系异体皮肤移植成功与否，来确定它们的组织相容性抗原是否相同，是一种简便、准确性高、检测范围较广的方法，但需要观察较长时间，适用于近交系小鼠、大鼠的遗传监测。H-2 单倍型检测法适用于近交系小鼠的遗传监测。不同品系的近交系小鼠，主要组织相容性复合体（H-2）组成不同，表现在 H-2 单倍型的不同，利用 H-2 复合体 D 区和 K 区所对应的单克隆抗体，通过微量细胞毒法可以判定 D 区和 K 区的类型。

（2）毛色基因测试法　自 1909 年杰克逊实验室首次进行毛色遗传实验以来，毛色观察一直是近交系质量的一个重要指标。毛色基因检测法只能对少量与毛色有关基因纯合度进行检测，不能反映近交系的整体遗传概貌，难以检出其他位点的突变。

第二节　实验动物微生物和寄生虫质量控制

实验动物的饲养环境及动物体内外存在着许多细菌、病毒及寄生虫，这些生物体中，一部分对动物生存是必需和有益的，另一部分则可能对动物机体造成危害。实验动物携带的某些病原体不但可以影响动物健康的状态，还会干扰动物实验结果的准确性。为了保证实验动物的质量和实验结果的可靠性，必须对实验动物所携带的微生物予以控制，这是实验动物科学一项重要的研究内容。

一、实验动物微生物学等级分类

根据我国对不同实验动物体内外携带微生物和寄生虫的控制要求，结合现有的微生物学检测手段，国家标准将实验动物按照微生物学等级明确分类为普通（conventional，CV）动物、无特定病原体（specific pathogen free，SPF）动物和无菌（germ free，GF）动物。

（一）普通动物

CV 动物不携带对动物和（或）人健康造成严重危害的人兽共患病病原体和动物烈性传染病病原体。它是微生物、寄生虫控制要求中最低级别的实验动物。普通动物对实验的反应性较差，实验结果易受干扰因素影响，仅可供教学示范及作为预实验等用途。

普通动物饲养于普通环境中，饲喂全价饲料，饮水符合城市饮水卫生标准，饲料、垫料要消毒，饲养室温度及湿度可人工控制，能防止蚊蝇等昆虫及野鼠进入。饲养室内外环境应定期打扫和消毒。必须对外来实验动物进行严格的检疫，严格处理淘汰和死亡的动物。普通动物最好来源于 SPF 动物，但一般是在常规饲养条件下的群体中通过不断淘汰发病动物，加强防疫措施，必要时注射疫苗（针对某些烈性传染病）等手段建立起来的，饲养成本低、供应量大。

常用的普通动物包括豚鼠、地鼠、兔、犬和猴。我国继 2001 年实施的《实验动物微生物学等级及监测》（GB14922.2-2011）取消了普通级小鼠和大鼠等级标准后，2022年实施的《实验动物 微生物、寄生虫学等级及监测》（GB 14922-2022）取消了清洁级小鼠和大鼠等级标准，故实验动物供应商不再生产和销售普通级或清洁级大小鼠。

（二）无特定病原体动物

SPF 动物除普通动物应排除的病原体外，不携带对动物健康危害大和（或）对科学研究干扰大的病原体。如 SPF 小鼠应排除沙门菌、支原体、鼠棒状杆菌、泰泽病原体、嗜肺巴斯德杆菌、绿脓杆菌、汉坦病毒、小鼠肝炎病毒、仙台病毒、小鼠肺炎病毒、弓形虫、鞭毛虫、纤毛虫等。SPF 动物是国际上目前公认的标准级别实验动物，广泛应用于生物医学研究各个领域。

SPF 动物的种群来源于无菌动物或剖宫产净化动物，必须在万级屏障系统或隔离环境中进行饲育及使用，按照国家标准严格实施微生物和寄生虫控制，其使用的饲料、饮水、垫料及笼具等必须灭菌，操作人员必须严格执行操作规程。SPF 动物的繁殖、生产和实验等设施，同样要严格执行规范化操作规程，并应进行经常性的质量监测。

（三）无菌动物

在 GF 动物体内不能检出任何生命体。它必须饲养于隔离环境内，使用的饲料、饮水及笼具必须进行严格消毒灭菌，饲养管理也需按照要求在无菌条件内进行。饲料中的营养成分必须齐全，以满足无菌动物生长的需要，特别是维生素类的营养物质。GF 动物在自然界中并不存在，必须通过人工方法培育，如普通动物经无菌剖宫产手术，幼仔置于无菌隔离器中，由人工哺乳或由其他无菌动物代乳饲育而成。GF 动物可以排除一切来自各种微生物对实验结果的影响，可以称得上是有生命的"分析纯试剂"。无菌动物主要用于肿瘤学、病原学、不同微生物之间关系、宿主与微生物之间关系、营养与代谢等方面的研究。

为了满足实验研究的需要，有时需将已知菌植入无菌动物体内开展实验。通常将植入细菌的无菌动物称为悉生（gnotobiotics，GN）动物，又称已知菌动物。悉生动物也必须饲养于隔离环境内，使用的饲料、饮水及笼具必须进行严格消毒。但因其体内带有已知的微生物，故隔离器内仍可检测出相应的微生物及其代谢产物。根据植入菌类数量的不同，悉生动物亦可分为单菌动物、双菌动物和多菌动物。

二、实验动物微生物和寄生虫质量监测

（一）微生物和寄生虫质量监测的意义

1.确保实验动物种群的健康，为生命科学研究提供高质量的实验动物。微生物和寄生虫质量监测的意义：①定期对所饲养的实验动物进行抽样检查，以了解实验动物群中微生物和寄生虫的感染情况。②对新引进的实验动物进行检疫，防止将病原体带入实验动物种群。③当实验动物种群发生传染病流行时，检出病原体并提出控制措施。④对实验动物设施进行监测，以确证这些设施未被微生物污染。

2.确保从事实验动物科研工作或疾病防治工作的人员、饲养人员和动物实验人员的自身防护和健康。

3.研究确定实验动物等级标准的划分和不同等级实验动物的微生物学、寄生虫学控制指标。

4.确保药品、生物制品的质量，保证科研成果和检验结果的可靠性、准确性和重复性。

（二）微生物和寄生虫质量监测的种类和方法

根据监测的对象不同，可分为实验动物病毒学监测、实验动物细菌学监测、实验动

物真菌学监测和实验动物寄生虫学监测 4 种类型。

1. 实验动物病毒学的监测方法

（1）血清学检查　适用于各级各类实验动物的经常性检查和疫情普查。目前，我国研究者对动物研究常用的血清学检查方法包括血球凝集和血球凝集抑制试验、免疫酶染色试验和酶联免疫吸附试验。

（2）病原学检查　适用于动物群中有疾病流行，需要检出病毒或确证病毒存在的情况。

1）病毒分离培养与鉴定。

2）病毒颗粒、抗原或核酸的检出。采用免疫组化的方法在光镜下检测病变组织中的特异性抗原；采用血球凝集和血球凝集抑制方法检测患病动物排泄物或组织悬液中的血凝素抗原；采用电镜或免疫电镜技术检测组织或排泄物中的病毒颗粒；采用聚丙烯酰胺凝胶电泳检测病毒基因组；采用核酸分子杂交技术或聚合酶链反应（PCR）检测组织或排泄物中的病毒核酸。

（3）潜在病毒的激活　对于潜在性病毒感染，可用免疫抑制剂或应激剂等使动物机体抵抗力下降，使其体内潜在的病毒被激活，易于检出。

（4）抗体产生试验　将待检动物的组织悬液接种于无常见病毒的动物（最好是 SPF 动物或 GF 动物）体内，一个月后采血，用已知抗原检查有无相应抗体的存在。

2. 实验动物细菌学的监测方法

目前，实验动物细菌学常用的方法是进行病原菌的分离与培养。部分病原菌，如鼠伤寒沙门菌、鼠棒状杆菌、泰泽菌和霉形体等，已有采用血清学方法进行诊断的报道，但仍需结合分离培养结果最后做出诊断。也有一些病原菌，如泰泽菌，由于不能在人工培养基上生长，因此，宜采用病变组织压片、镜检的方法进行检查，并结合病理检查结果最后做出诊断。

3. 实验动物真菌学的监测方法

目前，主要采用分离培养法，所用培养基为沙氏培养基。皮肤真菌一般在 25℃ 条件下进行培养。不同的真菌具有一定的菌落特征。结合菌落的特点和镜下染色检查可进行种属鉴定，有时还需借助于生化反应结果和免疫学方法进行最后诊断。

4. 实验动物寄生虫学的监测方法

（1）体外寄生虫　可肉眼观察体表有无体外寄生虫，也可用透明胶纸沾取毛样，检查有无体外寄生虫及其虫卵。

（2）肠道寄生虫　采集粪便，肉眼观察有无可见虫体。采用漂浮法、沉淀法浓集粪便样本检查有无虫卵、原虫卵囊或包囊。

（3）血液寄生虫　采集末梢血液，制成厚、薄涂片，染色后镜检。

（4）组织内寄生虫　在解剖动物时，对疑为寄生虫感染的部位做组织压片、切片检查。

（三）取样及监测

微生物学监测是用少量样本的结果来反映整个动物群体某些疾病的流行情况，它的结果是否可靠，不仅很大程度上取决于实验方法的敏感性，而且还取决于样本数量和检测频率。

1. 取样原则

取样应采用随机抽样的方法，避免人为误差。为了提高阳性检出率，检测抗体应选用成年或淘汰动物，病原体分离则选用幼年动物。

2. 取样方法

动物监测的标本应在不同方位（四角和中央）选取，采用随机抽样方法；动物送检容器应按动物级别要求编号和标识，包装好，安全送达实验室，并附送检测单，写明动物级别、品系、数量和检测项目。

3. 取样数量

根据统计学原理，要在一个动物群中抽样检查发现至少一个阳性标本时，除了遵循随机取样原则，还需有足够多的样本数量。例如，动物群的数量为 100 只或 100 只以上时，要检出一个病例，并达到 95% 的可信限，采样数量可用下列公式计算：样本数＝ $\log 0.05/\log N$，N 为正常动物的百分率。但是，为了既能反映动物种群的健康状况，又能节省人力、物力，我国规定每一动物生产繁殖单元，群体大小＜ 100 只，取样数量不少于 5 只；群体大小 100 ～ 500 只，取样数量不少于 10 只；群体大小＞ 500 只，取样数量不少于 20 只；每个隔离器仅检测 2 只。

4. 监测频率

CV 动物和 SPF 动物每 3 个月至少监测微生物一次；无菌动物每年监测微生物 1 次，每 2 ～ 4 周检查一次动物的生化环境标本和粪便标本。

第四章　实验动物饲养与应用条件的控制　▷▷▷▷

应用遗传学、微生物和寄生虫质量等控制措施保证生产的实验动物质量达到相关标准，但如何保证标准化实验动物生产和动物实验过程中仍符合相关的标准要求呢？这就需要在实验动物后续的饲养、应用，甚至运输环节进行严密管控，从而确保实验动物在运输和实验过程中，始终能够保持符合相关标准的优良品质，为科学研究提供可靠、准确的实验基础。

第一节　实验动物环境设施的质量要求与控制

实验动物环境设施得以保障，是保证实验动物标准化的重要内容。环境设施的建筑设计规划、实验动物饲育设备及动物实验器材的选择、设施设备的日常管理，都要符合国家标准。为实验动物提供有利环境，消除有害因素，保证实验动物的健康状况来满足实验的需要。

一、实验动物环境概述

（一）实验动物环境的定义

实验动物环境是指实验动物生长发育、繁殖交配所赖以生存的特定场所和外在条件。野生动物可以在大自然中自由觅食、移动栖息场所寻求最适宜的环境条件。而人工饲养的实验动物却只能生活在人们根据研究结果或经验所设定的场所与条件中，对于环境条件的设定与环境设施的管理是否合理和科学，直接影响动物福利状况和科研结果的准确性与可重复性。

实验动物环境分为外环境（outside environment）和内环境（inside environment）。实验动物生产与动物实验设施以外的环境称为外环境，设施内部动物直接生活的环境则为内环境。内环境又分为内部大体环境和局部微环境。如放置笼具等饲养设备的空间，或放置手术器材和活体检测仪器等实验设备的实验空间，都是实验动物的内部大体环境。局部微环境指特定的、个别的或少数实验动物所生活的微小环境。

（二）影响实验动物环境的因素

实验动物环境因素主要包括气候因素、理化因素、居住因素和生物因素等。气候因素包括温度、湿度、气流和风速等；理化因素包括噪声、光照、粉尘、消毒剂和有害气体等；居住因素包括设施、设备，以及笼具、食具、饮水器和垫料等；生物因素包括同种生物因素和异种生物因素，前者指同一种属动物之间的社会地位、饲养密度、势力范围、求偶争斗等，后者指微生物、寄生虫、其他种属的动物及人类的饲养管理和实验操作等。

（三）环境对实验动物的影响

环境对实验动物的影响并非仅限于上述因素中的单一因素作用，往往是多种因素的共同作用。如实验动物的体温受环境温度、湿度、气流速度，以及笼具内有无垫料、垫料的干湿程度等多种因素的影响。

1. 温度

大多数实验动物为恒温动物，即除了极高和极低的温度之外，都具有在一定温度范围内保持体温相对恒定的生理调节能力，即具有体温调节功能，能调节机体发热和散热机制，以维持体温的恒定性。一般情况下，动物实验时最适宜的环境温度为21～27℃。当环境温度变化过于迅速和剧烈时，动物机体难以快速适应，就会出现新陈代谢、生殖机制、实验反应性等方面的改变，对实验动物体内的生理功能、生化反应过程等发生不良影响，进而影响动物实验的过程及结果的可重复性。例如，当温度过低时，将导致哺乳类实验动物的性周期推迟。当温度超过30℃时，雄性动物则出现睾丸萎缩，产生精子的能力下降；雌性动物会出现性周期紊乱、泌乳能力下降或拒绝哺乳、妊娠率下降等现象。所以饲养环境的室温应保持在各种动物最适宜温度±3℃范围内。

2. 湿度

湿度是指大气中水分含量。空气中湿度是指大气中水分含量，按每立方米实际含水量表示，称为绝对湿度。空气中实际含水量与同等温度下饱和含水量的百分比值，称为相对湿度。相对湿度与环境温度和气流密切相关，对机体的散热和产热具有显著影响。高温高湿时，动物体表散热受到抑制，容易引起机体内代谢紊乱，加上高温高湿有利于病原微生物和寄生虫的生长与繁殖，极易引起垫料与饲料发霉变质，内、外因素共同作用，导致动物机体的免疫功能下降，发病率增加；反之，在相对湿度低的情况下，动物散热量大，产热量增加，从而使摄食量和活动量增加而影响动物实验结果的准确性。因为湿度过低，低于40%，容易引起室内扬尘，空气中变态反应原的含量随着湿度的下降而上升，对动物上呼吸道的刺激加强，同样可导致动物疾病的发生。因此，一般动物饲养和实验环境的相对湿度应控制在40%～70%，但以50%±5%的湿度为最佳。

3. 气流速度

实验动物大多饲养在笼具内，动物、垫料及动物排泄物混合于笼内，而且按照单位体重的体表面积计算，实验动物的比值一般都大于人类，因此实验动物对空气的要求比人类更高，实验环境中空气流速的大小对实验动物的影响就比较大。空气流速过小或过大都会影响动物健康。空气流速过小、气体流通不良、动物缺氧、散热困难、室内有害气体浓度升高、污浊的空气等易造成呼吸道传染病的传播，使动物容易发生疾病。空气流速过大，可使实验动物体表散热量增加，同样影响实验结果的准确性。

4. 光照

实验环境的光照包括亮度、波长和光照时间。光照亮度过强或过暗、光照时间过长或过短等都会对动物产生不利影响。如白化大鼠在20000lx条件下照射几个小时后就出现视网膜障碍，连续照射2天有恢复的可能性，连续照射8天则产生不能恢复的严重障碍。光照亮度过强，还易引起某些雌性动物的吃崽和哺育不良的现象。此外，光照时间还与动物的性周期有密切关系。在明暗各12小时的情况下，大鼠呈现每4天一次的稳定发情周期；在明暗各8小时的情况下，大鼠呈现每5天一次的发情周期或更长。光照波长和灯光颜色也可影响动物的生理学特性，如蓝色照明下的大鼠阴道开口日期比红色照明下要早3天左右。因此，针对不同环境等级的实验动物有相应的光照标准要求。

二、实验动物环境设施的分类

（一）按其功能分类

根据设施的功能和使用目的的不同，国家将实验动物设施分为实验动物生产设施和实验动物实验设施。

1. 实验动物生产设施

实验动物生产设施（breeding facility for laboratory animal）指用于实验动物保种、培育、繁育等生产活动的建筑物和设备的总和。

2. 实验动物实验设施

实验动物实验设施（experimental facility for laboratory animal）指以研究、实验、教学、生物制品和药品，以及相关产品生产、检定等为目的而进行实验动物实验和应用的建筑物和设备的总和。

（二）按微生物控制程度分类

根据设施环境的微生物控制等级，国家将实验动物设施分为普通环境、屏障环境和隔离环境，见表4-1。

1. 普通环境

普通环境（conventional environment）指通过人工控制，满足CV动物生产或使用要求的各种因素总和。

2. 屏障环境

屏障环境（barrier environment）指满足SPF动物生产或使用要求的各种因素总和。

3. 隔离环境

隔离环境（isolation environment）指满足GF动物生产或使用要求的各种因素总和。隔离设备内的空气、饲料、水、垫料和设备应无菌，动物和物料的动态传递需经特殊的传递系统，该系统即能保证与外环境的绝对隔离，又能满足转运动物时条件与内环境保持一致。实验动物设施分类如下表所示（表4-1）。

表 4-1 实验动物环境的分类

设施分类	压力	使用功能	适用动物等级
普通环境	—	实验动物生产、实验、检疫	CV 动物
屏障环境	正压	实验动物生产、实验、检疫	SPF 动物
	负压	实验动物实验、检疫	CV 动物、SPF 动物
隔离环境	正压	实验动物生产、实验、检疫	SPF 动物、GF 动物
	负压	实验动物实验、检疫	CV 动物、SPF 动物、GF 动物

（三）按洁净度分类

根据空气的洁净度，国家将实验动物环境设施分为洁净度 5 级（百级）、洁净度 7 级（万级）和洁净度 8 级（十万级）。

1. 洁净度 5 级（cleanliness class 5）

洁净度 5 级要求为空气中 ≥ 0.5μm 的尘粒数为 352 ～ 3520pc/m³，≥ 1μm 的尘粒数为 83 ～ 832pc/m³。

2. 洁净度 7 级（cleanliness class 7）

洁净度 7 级要求为空气中 ≥ 0.5μm 的尘粒数为 35200 ～ 352000pc/m³，≥ 5μm 的尘粒数为 293 ～ 2930pc/m³。

3. 洁净度 8 级（cleanliness class 8）

洁净度 8 级要求为空气中 ≥ 0.5μm 的尘粒数为 352000 ～ 3520000pc/m³，> 5μm 的尘粒数为 2930 ～ 29300pc/m³。

三、实验动物环境设施的要求

实验动物环境设施控制的主要指标是动物饲养室内温度、日温差、相对湿度、最小换气次数、空气洁净度、相同区域的最小静压差、落菌数、氨浓度、噪声、光照和昼夜明暗交替时间等。普通环境指标应符合表 4-2 的要求。屏障环境指标应符合表 4-3 的要求。隔离环境指标应符合表 4-4 的要求。

表 4-2 普通环境指标

项目	指标		
	豚鼠、地鼠	猫、犬、猪、猴	兔
温度（℃）	18 ～ 29	16 ～ 28	16 ～ 26
日温差（℃）	≤ 4		
相对湿度（%）	30 ～ 70		
换气次数（次 / 小时）	≥ 8		

续表

项目		指标		
		豚鼠、地鼠	猫、犬、猪、猴	兔
动物笼具周边处气流速度（m/s）		≤ 0.2		
氨浓度（mg/m³）		≤ 14		
噪声［dB（A）］		≤ 60		
照度 /lx	工作照度	≥ 150		
	动物照度	15 ～ 20	100 ～ 200	
昼夜明暗交替时间（小时）		昼（12 ～ 14）/ 夜（12 ～ 10）		

备注：①氨浓度指标为有实验动物时的指标。②根据动物生物学特性，建议适当增加室外活动场地。

表 4-3　屏障环境指标

项目		指标			
		小鼠、大鼠、豚鼠、地鼠	猫、犬、猪、猴	兔	鸡
温度（℃）		20 ～ 26		16 ～ 26	16 ～ 28
日温差（℃）		≤ 4			
相对湿度（%）		30 ～ 70			
换气次数（次 / 小时）		≥ 15			
动物笼具周边处气流速度（m/s）		≤ 0.2			
与相通区域的静压差（Pa）		≥ 10			
空气洁净度（级）		7			
沉降菌平均浓度（CFU/0.5h·φ90mm 平皿）		≤ 3			
氨浓度（mg/m³）		≤ 14			
噪声［dB（A）］		≤ 60			
照度（lx）	工作照度	≥ 150			
	动物照度	15 ～ 20	100 ～ 200		5 ～ 10
昼夜明暗交替时间（小时）		昼（12 ～ 14）/ 夜（12 ～ 10）			

备注：①氨浓度指标为有实验动物时的指标。②空气洁净度、沉降菌最大平均浓度为静态时的指标。③ SPF 猴包括在普通环境中经筛选获得的。

表 4-4　隔离环境指标

项目		指标			
		小鼠、大鼠、豚鼠、地鼠	猫、犬、猪、猴	兔	鸡
温度（℃）		20～26		16～26	16～26
日温差（℃）		≤ 4			
相对湿度（%）		30～70			
换气次数（次 / 小时）		≥ 20			
动物笼具周边处气流速度（m/s）		≤ 0.2			
隔离设备内外的静压差（Pa）		≥ 50			
空气洁净度（级）		5（正压）/7（负压）			
沉降菌平均浓度（CFU/0.5h·φ90mm 平皿）		无检出 [a]			
氨浓度（mg/m³）		≤ 14			
噪声［dB（A）］		≤ 60			
照度（lx）	工作照度	≥ 150			
	动物照度	15～20	100～200		5～10
昼夜明暗交替时间（h）		昼（12～14）/夜（12～10）			

备注：①氨浓度指标为有实验动物时的指标。② [a] 为设施处于静态时的检测标准（指无动物时）。

四、实验动物环境设施的其他要求

为了保障实验动物环境设施的各项指标满足要求，国家对设施的工艺布局、设施硬件条件、废弃物处理、运输，以及检测和运行维护等方面均做了相关要求。

（一）工艺布局

工艺布局要求强调了人流、物流、气流及动物流的流线设计应合理，以满足设施功能齐全、安全和高效的基本要求。建议根据需要，采用单走廊、双走廊或多走廊的方式，明确指出屏障环境设施的平面布局应划分出洁净区和非洁净区，通过设置缓冲间、传递窗等设施设备防止污染。此外，还规定了实验动物生产设施与实验动物实验设施应分开设置，使用开放式笼具时，在同一个饲养空间内不应同时饲养不同等级、品种的实验动物。生产设施和实验设施应包括缓冲间、生产间、消毒后室、待发室、饲养间、实验间等功能空间，并具备消毒灭菌、更衣和清洗等功能。实验动物设备的布置应合理，技术指标需达到环境技术指标要求，并采取措施减少噪声、振动、辐射和强光照等危害。

（二）设施硬件条件

1. 建筑

设施选址应避开自然疫源地和可能产生交叉感染的场所，动物生物安全实验室与生活区的距离需符合相关规定。建筑物的门、窗应具有良好的密闭性，特别是屏障环境的门窗，需满足房间压力的要求。走廊和门的尺寸应满足设备进出和日常工作的需要，墙面、地面和天花板的材料应易于清洗、消毒，耐腐蚀、耐冲击。实验动物设施应保证结构安全性，满足设备荷载要求，并为大型设备预留进出通道。此外，还应采取措施防止昆虫、野鼠等动物进入和实验动物逃逸。

2. 空调系统

空调系统的划分和选择应经济合理、节能环保，并有利于节能运行和自动控制，同时避免交叉污染。设计时需计算动物、人员、设备的污染负荷及冷、热、湿负荷。产生污染气溶胶的设备不应向室内排风，送、回（排）风管道气密阀的设置应满足环境消毒等要求。实验动物设施的废气排放应符合相关规定，且不影响周围环境的空气质量。

3. 饮水、给水及排水

普通环境设施的动物饮水应符合生活饮用水卫生标准。给水管道和管件应选用不生锈、耐腐蚀的材料，排水管道也应采用耐腐蚀的管材。当涉及病原微生物的操作时，还需符合实验室生物安全通用要求。

4. 电气

屏障环境及隔离环境应按不低于二级负荷供电，并设置备用电源。屏障环境设施净化空调系统的配电应设置自动和手动控制，洁净区内的照明灯具应采用密闭洁净灯。室内配电设备应不易积尘，各类管线管口应采取密封措施。

5. 自动控制

实验动物设施内外应配备通讯设备。正压和负压实验动物设施的排风系统应与送风系统连锁，确保正确的开启和关闭顺序。屏障环境自控系统应满足温度、湿度和压差等环境技术指标的要求，并具备自动远程报警功能，能够自动采集并记录相关数据。

6. 消防

屏障环境设施的耐火等级不应低于二级，或设置在不低于二级耐火等级的建筑中。应设置消防应急照明和疏散指示标志，洁净区内不应设置自动喷水灭火系统，而应采取其他灭火措施。疏散通道门的开启方向应根据区域功能特点来确定。

7. 笼具、垫料及福利用品

笼具结构应符合实验动物的生物学特性及福利要求，使用无毒、无害材料，成品应耐腐蚀、耐高温等。垫料材质应满足吸湿性好、尘埃少等条件，并经灭菌处理。实验动物福利用品应符合动物生活习性，材料无毒、无害，成品不易噬咬、耐高温、易清洗。

（三）废弃物处理

实验动物生产设施应有相对独立的污水初级处理设备或化粪池，来自动物的粪尿、笼器具洗刷用水等污水需经特殊处理并达到污水综合排放标准后再排放。涉及病原微生物感染的动物实验，其产生的污水应彻底灭菌后再排出。涉及非病原微生物感染实验，相关的动物尸体及组织等应冷冻存放，集中做无害化处理，而病原微生物感染及生物安全实验室中的实验动物尸体及组织等，应灭活后传出实验室，集中做无害化处理。有病原微生物感染的实验动物废垫料应在灭菌后做无害化处理，注射针头、刀片、手套及其他实验废弃物应按《医疗废物管理条例》进行处理；放射性动物实验产生的放射性废弃物应按电离辐射防护与辐射源安全基本要求进行处理。

（四）运输

运输环境应保证动物的安全和舒适，保障动物健康和福利。不同品种或品系、不同微生物级别的实验动物不应混装在同一个笼具内，运输中不应与有害物质混装。如果运输时间超过 6 小时，应为实验动物配备符合要求的饲料和饮水。每次运输前后，对运输车辆和工具进行清洁和消毒。运输笼具的结构应适应动物特点，材质符合健康和福利要求，坚固且不易损伤动物，符合生物安全与微生物控制等级要求。大动物运输笼具外面应有适合搬动的把手，具备紧急情况下移出动物的开启装置，并张贴醒目标识。

（五）检测和运行维护

设施竣工后应对其进行全面的检测，并出具检测报告。检测仪器需经过计量单位检定或校准。检测项目包括温度、相对湿度、换气次数、气流速度、静压差、空气洁净度、沉降菌、氨浓度、噪声、工作照度和动物照度等。对于动物隔离设备、独立通风笼具（IVC）等饲养设备，除检测设备内部技术指标外，还应检测设备所处环境的相关指标。

在运行维护方面，应制定实验动物设施的运行维护制度并编制操作规程，定期对运行管理人员进行培训，特殊岗位需持证上岗。采用巡检和定期维护相结合的方式，保证设施运行良好。在寒冷地区，或遭遇极端天气时，应加强检查空调换热盘管、电加热装置等设备，防止盘管冻裂和发生电气火灾。

五、实验动物环境设施的管理

不同微生物学级别的实验动物，被饲育在对应级别的动物实验环境中，各级别环境均有一系列规章制度和标准操作规程（standard operating procedure，SOP）来保证环境各项指标达到国家标准。SPF 动物是当今生命科学研究领域中使用最多的实验动物。本部分内容重点介绍实验动物设施中屏障环境关于实验人员、实验物品和实验动物等的管理。

（一）人员进出管理

1. 进出实验动物设施内部人员的资质要求
进入实验动物设施内部的人员包括兽医、管理人员、研究和技术人员、饲养人员。

所有从业人员应经过专业知识和业务技能培训，持证上岗，熟悉实验动物法规和标准，执行本单位的各种规章制度和SOP，每年应进行一次身体健康检查，以确保适合继续在实验动物岗位工作。

兽医应具备本科及以上学历，熟练掌握各种实验动物疾病的防控知识和技能，制定和执行本单位实验动物检疫、日常巡查、疫情防控等相关制度和SOP。

管理人员应具备医学、生物学或畜牧兽医等相关专业本科及以上学历，具有扎实的实验动物专业知识和较丰富的管理经验，能够组织所属人员对实验动物设施进行科学管理。

动物饲养员应掌握实验动物学相关知识和动物饲养管理操作技能，自觉执行单位动物实验管理规则制度和SOP，规范开展实验动物或动物实验工作。

进出实验动物设施的所有人员不得饲养和接触宠物，应勤剪指甲、勤洗澡，男士不得蓄胡须；皮肤有损伤、炎症，对动物或垫料有过敏反应者不得进入屏障环境；发热或患有传染性疾病者不得进入动物实验室，待其恢复健康后才可进入；饮酒后不得进入屏障环境。

2. 人员进出实验动物屏障环境的标准操作规程

（1）人员准备进入屏障环境前需剪好指甲，上好洗手间，用洗手液洗手，在换鞋处换上干净带跟的鞋，并将脏鞋放入鞋柜。所有人员不得喷香水和化妆。

（2）实验人员或饲养员在更衣室门口填写《人员进出屏障登记表》的信息，包括课题名称、实验房间号、进入日期、进入屏障具体时间。进出时间以墙上挂钟为准，每个项目分开填写登记表。

（3）进入更衣室，将外套和其他随身物品放入衣柜，盘起长发。

（4）脱鞋并将其放入鞋柜，刷门禁卡，通过通道，着袜进入一更。

（5）在一更将手机和门禁卡装入完好的自封袋并封好开口，自封袋外的正反面用75%乙醇喷雾消毒，消毒后放在已用75%乙醇消毒的桌角，手部（含手腕）喷洒75%乙醇，戴口罩和帽子，避免露出自己的头发，最后戴手套，已戴手套的双手再一次用75%乙醇喷雾消毒。

（6）将二更门把手喷洒75%乙醇消毒，带上自封袋，用手按压二更的开锁键和门把手进入二更，最后一位进入二更的同学关闭一更工作照明灯。

（7）在二更，取出适合自己尺码的已灭菌布袋，打开灭菌布袋，按顺序取出布袋内的洁净服，先穿上衣，再穿裤子，上衣下摆要扎进裤子里，最后取出脚套穿上，脚套要套住裤腿，手套应扎紧无菌洁净服的袖口，然后将布袋夹在裤腰，随身携带出屏障（注意，无菌洁净服不能直接接触地面）。

（8）照镜检查是否穿妥洁净服，并注意头发不得外露，最后随手关闭二更照明灯。

（9）打开风淋室外侧门，进入风淋室，关闭风淋室外侧门，根据提示音举起双手、身体慢慢转动360°直至语音提示风淋结束。

（10）风淋结束后，打开另一侧风淋室门，进入风淋后室缓冲间，用75%消毒乙醇再次消毒双手和自封袋，再进入洁净走廊。

（11）实验人员或饲养员应先到物品暂存间取用当日所需消毒品、笼盒、水瓶等用物，再进入各自的动物实验室和工作间进行日常及实验工作。

（12）在实验或日常工作结束后，打扫动物实验室，最后用现配现用的消毒液擦拭实验室桌面、笼架、地面等。将废弃物推到污物走廊集中，从各自的房间进入污物走廊，经过缓冲间进入污物处理间，脱去手套和口罩，将其放入指定位置。穿脚套回到更衣室鞋柜取回自己的鞋，并登记出屏障设施的时间及当日动物数量的变化。

（13）脱去的洁净服放回原来的布袋，再放入指定位置；脚套放入大鼠笼盒集中浸泡消毒液；染有血渍和污渍的洁净服，将脏的一面摊开放于清洗间桌面，配套的洁净服也放在桌面上。脏笼盒和水瓶放至清洗间指定位置。

（二）物品进出管理

1. 物品进入屏障环境的要求

与动物实验或屏障环境管理无关的一切物品，不得传入屏障环境。需传入屏障环境的物品在进入前，应根据环境控制标准及物品性质进行相应的消毒灭菌处理。

2. 物品进出屏障环境的标准操作规程

（1）凡是可以清洗的物品（笼盒、饮水瓶、饮水瓶塞、笼盖、衣物等），在消毒灭菌前必须进行彻底的清洗。

（2）凡进入屏障设施内的一切物品，必须严格按设计的流向路线进入，并根据物品的性质分别采用高压蒸汽灭菌器消毒、带紫外线的传递窗消毒及消毒室喷雾消毒三种不同的方式进行灭菌处理。

（3）能进行高压蒸汽灭菌的物品首选高压蒸汽灭菌，如大鼠笼盒、笼盖、饮水瓶、水瓶塞、衣物、抹布、不锈钢手术器械及托盘、灌胃针、垫料等。

（4）不能高压蒸汽灭菌的物品可以经带紫外线的传递窗消毒。灭菌方式首选消毒液（75%乙醇或其他消毒液）喷雾喷射每个面并照紫外线30分钟（能乙醇消毒、但不能进行高压灭菌的物品或设备）；不能喷雾消毒的物品选择用紫外线照射30分钟进行灭菌；不能用紫外线照射灭菌的物品则选择喷雾消毒法。

（5）消毒灭菌后的物品分别从高压蒸汽灭菌器、传递窗及消毒室的洁净侧取出，放置于相应的贮存间。

（6）高压蒸汽灭菌过的物品贮存时间不宜过长，饲料和垫料在7天内用完，衣物在2周内用完。

（7）使用后废弃的物品、擦拭笼具的毛巾、地面的消毒液、更换的笼具、饮水瓶等必须经污物走廊到缓冲间，再到污物处理间，最后放于清洗间并统一处理。

（8）严禁同时打开高压灭菌器、传递窗和消毒间两侧的门。

（9）物品使用完毕后随人员带出屏障。

3. 传递窗的使用规范

（1）用0.5%～1%的84消毒液、0.1%的苯扎氯铵或75%乙醇等喷洒或擦拭待传递物品的每个表面，若是不能喷雾消毒的设备不进行此项操作。使用的消毒液需定期轮换。

（2）打开传递窗外侧门，用消毒液喷射传递窗底部，然后立放待传递物品，用消毒液喷雾消毒整个传递窗空间，再关闭传递窗外侧门。

（3）开启传递窗内的紫外灯，紫外灯照射待传递物品不少于 30 分钟。

（4）通知屏障环境内的实验人员或工作人员打开传递窗内侧门取出物品，并及时关闭传递窗内侧门。

（5）传递窗禁止双向开门。

4. 屏障环境内物品的储存

实验动物屏障环境内所有物品应在固定位置存放，摆放整齐，标识清晰，确保先进的物品先用。对于饲喂器具、清洁消毒药品、生产或实验器材等频繁进出屏障环境的物品，消毒后应使用容器盛装，标明消毒日期，整齐摆放于样品暂存间，不得就地摆放。更换下来的笼盒、水瓶等，及时随人一起通过污物走廊及缓存间传出屏障环境并及时分类处理。

（三）动物进出管理

1. 实验动物接收的标准操作规程

（1）实验动物接收人员需由屏障环境管理人员授权担任。

（2）接收前需明确动物来源，所有实验动物应在已取得"实验动物质量合格证"的单位采购，凡来源不明、健康和遗传质量不合格的动物不得接收。

（3）实验动物的运输器具要符合微生物控制的等级要求，保证运输过程中实验动物的健康和安全。

（4）新购进的实验动物先检查包装是否完整，当 SPF 级（含）以上的实验动物的运输箱破损而造成动物与外界空气直接接触时，该笼动物不得进入屏障环境。双层包装的运输箱需拆开外包装，将内侧完好的运输箱的各面都要喷洒消毒液；单层包装的塑料无菌运输盒则直接将其各面都喷洒消毒液。打开动物传递窗外侧门，用消毒液喷洒传递窗底部，将动物运输箱放入传递窗，再用消毒液喷洒整个传递窗空间，关上传递窗外侧门后打开紫外灯照射 15 分钟。

（5）在屏障环境内的动物检疫室中打开传递窗内侧门，取出运输箱。打开动物运输箱，核对动物的名称、性别、年龄、规格、数量与订单是否一致，并对动物进行外观检查。

（6）动物外观检查包括皮毛光滑清洁，四肢、尾部和皮肤无缺损，鼻无分泌物，眼角无异常分泌物，肛门清洁。未见异常，则将动物放入无菌笼盒，进行 3 ～ 5 天的检疫观察（国外引进动物的检疫期不少于 30 天）。外观检查有异常的动物可通过紧急通道传出屏障环境。有传染病的动物不得用于实验，应处死销毁，并彻底消毒。检疫无异常的动物方可搬入相应动物实验室进行饲养和实验。

（7）动物运输箱从传递窗传出屏障环境。

2. 日常管理

应根据实验动物的生物学特性和习性，进行有针对性的日常管理。如对啮齿类动物应及时更换垫料、补充饮水和饲料；对豚鼠须经常补给新鲜蔬菜或干草，或在饮水中加入维生素 C（0.2 ～ 0.4mg/L）；对犬应每天定时使其运动等。

六、实验动物环境设施设备和饲养设备

（一）设施设备

实验动物设施内要设置消毒灭菌（高压及喷雾）系统、空调通风系统、净化水系统、环境及图像监控系统、通信及消防安全系统、电力供应及应急电源等设备，还要有保证各种设备正常运转的应急预案。

（二）饲养设备

实验动物的饲养设备主要有笼具、笼架，以及独立通风系统、隔离器等。各种饲养笼具应符合国家标准规定的实验动物最小活动空间要求。

1. 笼具、笼架

饲养和收纳动物的容器一般是笼具，实验动物一生基本生活在笼具中。因此，笼具的结构、大小及材质对实验动物的质量、健康和福利将产生直接影响。饲养笼具的材质应对人和动物均无毒、无害、无放射性，还需耐腐蚀、耐高压、耐冲击、易清洗、易消毒灭菌、可防止实验动物啃咬和逃逸。

笼架是放置笼具的架构，应稳固且便于移动。笼架的大小应与笼具相适应，具有通用性。笼架应便于清洗，具有耐热、耐腐蚀性。常见的笼架有饲养架，以及悬挂式和冲水式、刮板式和传送带式笼架。

2. 独立通风系统

独立通风系统（individually ventilated cages，IVC）由主机、笼架和笼盒 3 个部分组成，每个笼盒有独立的送排风，使每一个笼位成为局部屏障系统，具有对洁净饲养环境和室内操作人员不造成威胁、节约能源、维护和运行费用低等优点。一般放置于屏障环境中使用，专用于饲养 SPF 大、小鼠或免疫缺陷动物。

3. 隔离器

隔离器（isolator）是一种可把微生物完全隔离的设施外，能够饲养无菌动物的设备。隔离器主要结构为隔离器室、传递系统、操作系统、过滤系统、进出风系统、风机、支撑结构。根据功能不同，可分为动物实验隔离器、动物生产隔离器、手术隔离器；根据隔离器内部气压状况，可分为正压隔离器和负压隔离器。隔离器主要用于保种和进行各种无菌动物实验。

第二节　实验动物的饲料质量要求与控制

实验动物饲料的营养成分是按照该种动物的营养需求进行配制的，在一些特殊研究中，其营养成分可以精确配制成半纯化或完全由化学物质配制的纯化饲料。

一、实验动物的营养需要

营养需要是指每只动物每天对能量、蛋白质、矿物质和维生素等营养素的基本需要量。饲养标准是动物所需的一种或多种营养素在数量上的规定或说明，是设计饲料配方、制作配合饲料和饲养营养性添加剂，以及规定动物采食量等的依据。实验动物因品种、品系、生理阶段、性别等不同，对各种营养物质的需要也不尽相同。在实验动物饲养过程中，通常根据动物的不同生理时期将营养需要分为生长、繁殖和维持三类，并以此作为饲料配制的基础。

（一）动物维持的营养需要

动物维持的营养需要是指健康实验动物体重不增减，不进行生产，体内各种营养处于平衡的状态。动物处于维持状态对能量、蛋白质、矿物质、维生素等的需要，称为维持需要。

从生理角度来看，处于维持状态动物体内的养分处于合成代谢与分解代谢速度相等的"平衡"状态。动物只有在维持需要得到满足后，多余的营养物质方可用于生产。

（二）动物生长的营养需要

动物生长是机体通过同化作用进行物质积累、细胞数量增多、组织器官增大，从而使动物的整体及其重量增加。从生物化学角度来看，是机体物质的合成代谢超过分解代谢的结果。处于生长早期的动物，其骨组织、头和腿生长较快；而处于生长中期的动物，体长和肌肉的生长速度较快；生长后期，则以体重的增长和脂肪的贮存为主。所以，进行实验动物饲料配制时，应充分考虑动物所处的不同生长阶段的营养需要。例如，精氨酸与组氨酸是动物生长的必需氨基酸，赖氨酸和蛋氨酸对动物生长也尤为重要。

（三）动物繁殖的营养需要

动物繁殖过程包括雄性和雌性动物的性成熟、性欲与性功能的形成、精子和卵子的形成、受精过程、妊娠（胚胎发育）及泌乳等环节，任何一个环节都可能因营养不适合而受到影响，引起性成熟推迟、精子质量低、雌性发情不正常、受胎率低、流产、胚胎发育受阻和泌乳力低等情况。所以，不同的繁殖过程，有不同的营养需要。提供适宜的营养条件，是保证和提高动物繁殖能力的基础。

二、饲料中的营养成分及其功能

饲料中的营养成分主要包括粗蛋白、粗脂肪、糖类、无机盐和维生素等。其营养功能如下。

(一) 蛋白质的营养功能

饲料中的粗蛋白主要来源于豆粕、鱼粉、乳清粉、玉米等含有蛋白质的饲料原料。蛋白质是构成机体组织和细胞的主要成分，又是修补组织的必需物质，也可在动物体内代谢和供能。饲料中的蛋白质只有被消化分解为简单的氨基酸才能被动物体内吸收和利用，形成动物体的蛋白质。氨基酸分为必需氨基酸和非必需氨基酸两大类，前者在动物体内不能合成或合成速度及数量不能满足正常需要，必须从饲料中获得；后者在动物体内能合成，无须从饲料中获得。

(二) 脂肪的营养功能

脂肪的主要功能是为动物提供能量，它也是构成动物组织的重要成分。脂肪酸是脂肪的基本组分。脂肪酸种类繁多，根据所含氢原子的多少，分为饱和脂肪酸和不饱和脂肪酸；根据能否在动物体内合成，分为必需脂肪酸和非必需脂肪酸。如幼龄动物生长、发育必需的亚油酸、α-亚麻酸和花生四烯酸等不能在哺乳动物体内合成，因此必须从饲料中获得，称为必需脂肪酸。脂肪还能协助脂溶性维生素在动物体内的消化、吸收和利用。

(三) 糖类的营养功能

糖类（碳水化合物，可溶性无氮物）是多羟基醛和多羟基酮及其衍生物和聚合物的总称。这类营养素在常规营养分析中包括无氮浸出物和粗纤维，是一类重要的营养素，在动物饲料中占一半以上。无氮浸出物除主要供给动物所需热能外，多余部分可转化成体脂和糖原，贮存在动物体内。粗纤维包括纤维素、半纤维素和木质素，是动物比较难利用的部分，尽管其营养价值低，但它却是某些草食动物不可缺少的物质。如家兔和豚鼠饲料中粗纤维不得低于10%。

(四) 无机盐的营养功能

饲料分析中的粗灰分即无机盐，是实验室动物正常生长发育和繁殖等生命活动必不可少的一些金属和非金属元素，包括钙、磷、钾、钠、铁、锌、镁、锰等。

(五) 维生素的营养功能

维生素是动物进行正常代谢活动所必需的营养素，属于小分子有机化合物，以辅酶或辅酶前体参与动物体内酶系统的工作。动物对维生素的需求量小，但其对机体的调节代谢的作用很大。除个别维生素外，大多数在动物体内都不能合成，须由饲料或肠道寄生菌提供。维生素分为脂溶性维生素和水溶性维生素。维生素 A、维生素 D、维生素 E、维生素 K 属于脂溶性维生素；B 族维生素和维生素 C 属于水溶性维生素。

（六）水的营养功能

水是动物体内重要的组成部分，一般占动物体重的 70% 以上，是多种营养物质代谢产物的载体，也是重要的营养素之一。

三、实验动物饲料的质量控制

（一）实验动物饲料的储存

实验动物饲料应在有《动物生产许可证》的单位购买。饲料应储存在避光、温度湿度可控制、无鼠、无虫条件下，避免饲料污染，以保证饲料质量的稳定。饲料存放区域应使用搁板、支撑架，保证饲料离地面 20cm 以上。饲料储存时间不宜过长，颗粒饲料不超过 3 个月，南方梅雨季节不超过 2 个月。

（二）实验动物饲料的质量检测

1. 感官检验

用手、眼、鼻等器官通过观察饲料的颜色、气味、手感、杂质等指标对饲料的新鲜度、均匀度、含水量等进行直观判断。

2. 营养成分检测

饲料水分应经常检测，其他营养成分应定期抽检。实验动物全价配合饲料中不得添加抗生素、驱虫药、促生长剂及激素等。

3. 饲料卫生指标检测

应定期对饲料产品的原料按国家标准限定的有毒有害物质含量和检测方法进行检测。

（三）饲料的消毒

为了保证实验动物健康和设施安全，大多数饲料需经过消毒灭菌后才能饲喂实验动物。饲料灭菌的目的是杀死饲料中的微生物。目前，国内外多采用辐照灭菌饲料饲喂动物。

1. 干热灭菌

将饲料于 80～100℃ 条件下烘烤 3～4 小时。通常能杀灭霉菌和大肠杆菌，但干热灭菌对营养成分破坏较多，尤其是维生素破坏更为严重。实际工作中常用 80℃，并延长烘烤时间以减少营养成分的流失。由于该方法具有烘烤温度不易掌握、灭菌不彻底、饲料变硬、适口性降低等缺点，不常使用。

2. 高温高压蒸汽灭菌

将饲料于 121℃、110kPa 的蒸汽灭菌器内处理 20 分钟。密封包装的饲料必须拆开用透气材料重新包装或者在密闭包装材料上打适量的小孔，以便蒸汽可渗透进入。饲料包装体积不宜过大，避免影响中心位置的灭菌效果。

此法灭菌彻底、时间短，但高温高压对饲料中维生素的破坏较严重，还会引起饲料蛋白质凝固变性，影响饲料的适口性。同时此法灭菌时蒸汽需渗透进饲料内部，因此灭菌后的饲料不宜保持太久，要注意防潮。

3. 辐照灭菌

目前普遍采用 ^{60}Co 为放射线源对饲料进行辐照灭菌，又称冷灭菌。《饲料辐照杀菌技术规范》（NY/T 1448-2007）规定，无菌动物、悉生动物饲料辐照杀菌最低有效剂量为 25.0kGy；SPF 动物、GF 动物为 10.0 ～ 25.0kGy；CV 动物为 4.0 ～ 10.0kGy。辐照后的饲料要妥善保存，使用前经传递窗（或传递间）紫外线照射和（或）化学方式消毒外包装后传入屏障设施。由于射线穿透力强，灭菌效果好，对配合饲料营养成分破坏较小，但对化学物质配制的纯化饲料影响较大。

4. 其他灭菌方法

实验动物饲料的其他灭菌方法还有微波干燥机行灭菌、药物熏蒸灭菌、药物浸泡灭菌和清洗灭菌等，但均使用不多。

第三节　实验动物的运输要求与控制

大部分实验动物从生产到使用都需经过运输环节。当实验动物从原来的生活环境放到运输箱或运输笼，再运送到陌生的动物房或距离较远的其他动物实验设施环境中时，会诱发动物产生一定程度的恐惧感，即应激反应。如果运输方法不当，还可能对动物造成严重伤害。因此，运输笼具和运输方式的选择，以及运输过程的管理都至关重要。

一、运输实验动物笼具的要求

实验动物的运输箱必须适合运输需求和动物种类。理想运输箱的结构、材质应符合实验动物健康和福利标准，无毒、无味，并符合运输规范和要求。运输箱能将动物限制在相对舒适的环境中，保证应激最小化，有足够的通风、饲料和饮水（或其他形式的湿料）等。运输箱或运输笼可分为一次性或反复消毒两种。注意在同一运输箱或运输笼内不能混合不同品种、不同性别或不同微生物等级的动物。

二、运输过程的管理和控制

国内实验动物运输分为长途的空运、中短途的汽运。运输活体动物在装运前要反复审核运输箱的安全性，检查通气孔及滤网通风是否畅通、箱外标签是否完整。标签应包含以下内容。

1. 收件人姓名、地址、单位及联系电话。
2. 寄件人姓名、地址、单位及联系电话（紧急联系电话）。
3. 装箱时间、运输日期及时间。

4. 动物数量、性别、品种、品系及年龄等相关信息。

5. 运输箱件数。

6. 动物健康证明或相关材料。

动物装箱运输前，需要注意箱内动物密度，同时也要避免因运输中的摇晃致使箱内动物受伤。运输箱的设计要考虑动物的活动特点，常见实验动物孕鼠箱最小空间见表 4-5、表 4-6。

在运输时，实验动物应最后装上运输工具，到达目的地后，应尽早使动物离开运输工具，以减少在途时间。到达后尽快通知接收方，接收方接收后应尽快运送到最终的动物实验设施内。一般超过 4 小时的长途运输，应供给动物充足的、含水量丰富的营养性食料；也可使用饮水瓶，但要有防漏措施。

表 4-5　啮齿类实验动物运输箱（笼）最小空间

种类	体重（g）	最小笼底面积（cm²）	
		带过滤功能运输笼具	无过滤功能运输笼具
大鼠	≤ 50	96	48
（笼具最低高度 15cm）	51～75	128	64
	76～100	160	80
	101～125	192	96
	126～150	224	112
	151～175	288	144
	176～200	288	144
	201～225	336	176
	226～250	400	203
	≥ 251	480	240
小鼠	10～20	96	48
（笼具最低高度 10cm）	21～25	120	60
	26～30	120	60
	≥ 31	144	72
仓鼠	30～60	96	48
（笼具最低高度 15cm）	61～90	128	64
	91～120	160	80
	≥ 121	192	96
豚鼠	100～150	264	132
（笼具最低高度 15cm）	151～250	320	160
	251～350	352	176
	351～450	384	192
	451～550	416	208
	≥ 551	448	224

备注：氨浓度指标为有实验动物时的指标。

表 4-6　实验用猪、犬、非人灵长类动物、兔的运输箱（笼）最小空间

种类	猪			犬			非人灵长类动物		兔	
体重（kg）	≤ 20	20～50	≥ 50	≤ 10	10～20	≥ 20	≤ 3	>3	<2.0	≥ 2.0
笼内最小高度（m）	0.53	0.62	0.71	0.44	0.53	0.62	0.51	0.70	0.15	0.18
每只动物底板最小面积（m²）	0.42	0.48	0.63	0.29	0.39	0.48	0.11	0.13	0.06	0.09

三、动物运输后的适应性饲养与恢复观察

购入的实验动物需隔离检疫，检疫无异常后方可放入相应的动物实验室进行实验。检疫的目的是使动物尽快适应新环境，并经过适当的检查以保证动物的健康，防止疾病的感染和排除特定的病原体感染。在隔离检疫期，对动物的呼吸系统、消化系统及其他病状进行常规观察，并按本单位的检疫规范做细菌、病毒、内外寄生虫的抽样检测。检疫期结束后，由兽医通知实验人员，将合格实验动物转移至实验间饲养。不合格的动物应立即退出检疫室并对存放笼架、设施及退出路线严格消毒。

第五章 动物实验的生物安全 ▷▷▷▷

在生命科学迅速发展的新时代，实验动物的使用量不断增大，实验生物安全管理面临新的考验与挑战。实验动物是生命科学研究和生物技术开发的重要支撑条件，但若对实验动物及其相关实验的管理稍有不慎，就有可能引发生物危害。例如，实验动物本身的烈性传染病可导致大批实验动物死亡，人畜共患病病原体扩散和传播亦可危害饲养人员、实验人员的健康与生命安全；生命科学研究中使用的大量有机物、无机物等有毒物质流入环境可造成环境污染，进而影响生物界和人类自身；滥用先进的生物技术手段进行生物体之间基因的转换与重组，改变生物体原有的一些性能，也可能带来潜在的、不可预见的危害和灾难。此外，一些烈性传染病病原体和生化材料也可能被恐怖分子用来制造生物武器，用于战争和破坏活动。

第一节 生物安全的基本概念

在实验动物领域，生物安全至关重要，直接关系实验动物的健康与福利、实验数据的准确性和科研人员的安全。实验动物作为科学研究的关键要素，其生物安全管理对于维护实验室环境稳定、保障实验结果可靠性及保护科研人员健康具有深远影响。从动物的采购、运输到饲养管理，再到实验操作的各个环节，都必须严格执行生物安全规范，以确保实验动物的健康，防止病原体传播，保障科研工作的顺利进行和社会的稳定发展。

一、生物安全的定义

生物安全（biosafety）指针对现代生物技术开发和应用的同时，可能造成的对自然界生态环境、动物和人体健康产生的潜在危害所采取的一系列有效预防和控制措施。广义的生物安全是国家安全问题的组成部分，是指与生物有关的各种因素对社会、经济、自然界生态环境和人类健康的危害或潜在风险。狭义的生物安全是指在各学科领域中现代生物技术的研究、开发、应用，可能对生物多样性、生态环境和人类健康产生潜在的不利影响。

二、生物安全的相关法规

(一)国外实验室生物安全的法规及标准

世界卫生组织(World Health Organization,WHO)一直非常重视实验室生物安全问题,1983 年推出了《实验室生物安全手册》(1 版),并分别于 1993 年和 2002 年发布了修订后的 2 版和 3 版。美国疾病预防控制中心(center for disease control and prevention,CDC)和美国国立卫生研究院(National Institutes of Health,NIH)首次提出将病原微生物和实验活动分为 4 级的概念,并于 1993 年联合出版了《微生物学及生物医学实验室生物安全准则》,将实验操作、实验室设计和安全设备组合成 1～4 级实验室生物安全防护等级。欧洲经济共同体委员会提出了 2～4 级对人有致病性的微生物危险等级,并对从事这类病原微生物研究的工作人员的预防做出了相关规定。其主要内容包括一般规定(目的、定义、范围、危害检查和评估、危害评估中的例外情况)、实验室所在单位责任(替代、降低危害、咨询专家、卫生与个人防护、新手培训、工作手册、操作不同危害生物因子人员名单、向专家通报情况)及其他规定(健康监测、除诊断实验室以外的保健机构、各种监测、资料利用、对生物因子分类、附加内容、通报委托方、废止、生效)等。

(二)我国实验室生物安全的法规及标准

重症急性呼吸综合征(severe acute respiratory syndrome,SARS)发生以前,我国法律法规几乎未涉及实验室生物安全。SARS 发生以后,国务院公布《突发公共卫生事件应急条例》,明确提出严格防止传染病病原体的实验室感染、菌(毒)种保藏和病原微生物的扩散的要求,为实验室生物安全的法治建设奠定了基础。同时,原卫生部发布的《传染性非典型肺炎人体样品采集、保藏、运输和使用规范》,提出在菌(毒)种管理技术规范方面的要求,成为我国最早出现的实验室生物安全法规之一。这些关于生物安全管理的标准和法规,有力地推动了实验室安全管理和实验室生物安全认可工作朝着制度化、规范化、科学化的方向发展,对有效进行实验室的生物安全管理给予了法律保障。

2004 年 11 月 12 日,国务院颁布《病原微生物实验室生物安全管理条例》,分为 7 章,即总则、病原微生物的分类和管理、实验室的设立与管理、实验室感染控制、监督管理、法律责任、附则,共 72 条,是我国制定的第一部具有指导性和法律效力的病原微生物安全方面的法规。《病原微生物实验室生物安全管理条例》颁布后,原农业部和原卫生部出台了配套文件:原农业部发布文件包括《动物病原微生物分类名录》《致病性动物病原微生物菌(毒)种或者样本运输包装规范》《高致病性动物病原微生物实验室生物安全管理审批办法》;原卫生部发布文件包括《人间传染的病原微生物名录》和《可感染人类的高致病性病原微生物菌(毒)种或样本运输管理规定》。

2020 年 10 月 17 日,中华人民共和国第十三届全国人民代表大会常务委员会第二十二次会议通过了《中华人民共和国生物安全法》（以下简称《生物安全法》），并于2021年4月15日起施行。《生物安全法》系统梳理了当前我国生物安全领域存在的主要风险，确立了维护生物安全的主要原则，建立健全生物安全风险监测预警制度、风险调查评估制度、信息共享制度、信息发布制度、名单和清单制度、标准制度、生物安全审查制度、应急制度、调查溯源制度、国家准入制度、境外重大生物安全事件应对制度，还明确政府等公共管理部门、科研院校、医疗机构、企业事业单位、新闻媒体和社会公众在生物安全方面的权利义务，是我国生物安全领域的一部基础性、综合性、统领性法律，标志着我国生物安全进入依法治理的新阶段。

三、生物安全的等级

世界各国对感染性微生物的危险度等级的划分基本一致。在 WHO 出版的《实验室生物安全手册》（3 版）中，将感染性微生物由低到高分为 4 级（表 5-1），我国的《病原微生物实验室生物安全管理条例》将能够致人或动物患病的微生物从高到低分为 4 类（表 5-2）。

表 5-1 感染性微生物的危险度等级分类

分级	危险度描述	危害性
1 级	无或极低的个体和群体风险	对人体、动植物或环境危害较低，不具有对健康成人、动植物致病的致病因子
2 级	中度的个体风险，低度的群体风险	对人体、动植物或环境具有中等危害或具有潜在危险的致病因子，对健康成人、动植物和环境不会造成严重危害
3 级	高度的个体风险，低度的群体风险	对人体、动植物或环境具有高度危险性，主要通过气溶胶使人传染上严重的甚至是致命疾病，或对动植物和环境具有高度危害的致病因子
4 级	高度的个体风险，高度的群体风险	对人体、动植物或环境具有高度危险性，通过气溶胶途径传播或传播途径不明，或未知的、危险的致病因子

表 5-2 我国的病原微生物分类

危害类别	危害程度
第 1 类病原微生物	能够引起人类或者动物非常严重疾病的微生物，以及我国尚未发现或者已经宣布消灭的微生物
第 2 类病原微生物	能够引起人类或者动物严重疾病，比较容易直接或者间接在人与人、动物与人、动物与动物间传播的微生物
第 3 类病原微生物	能够引起人类或者动物疾病，但一般情况对人、动物或者环境不构成严重危害，传播风险有限，实验室感染后很少引起严重疾病，并且具备有效治疗和预防措施的微生物
第 4 类病原微生物	在通常情况下不会引起人类或者动物疾病的微生物

根据操作不同危险等级微生物所需的实验室的设计特点、建筑构造、防护设施、仪器设备和操作规程，生物安全实验室（biosafety laboratory，BSL）可分为一级生物安全水平的基础实验室、二级生物安全水平的基础实验室、三级生物安全水平的防护实验室和四级生物安全水平的最高防护实验室，分别用于危险度等级为1级、2级、3级和4级的感染性微生物实验。

四、生物安全实验室

将不同级别的病原微生物感染动物，进行动物实验研究，用于动物传染病或动物模型的临床诊断、治疗、预防及未知病原体的鉴定研究等工作，需要在相应级别的动物生物安全实验室（animal biosafety laboratory，ABSL）中进行，如1级、2级、3级和4级病原微生物的动物实验应在对应的ABSL-1、ABSL-2、ABSL-3、ABSL-4中进行。级别越高，硬件防护设施和软件管理要求就越严。因此不同动物实验室无论是在操作技术规范的制定、个人安全防护设备的设置，还是在实验室设施的设计和建设上，都应具备特殊的要求。动物性气溶胶危害要用实验室设施来防范，通过静态隔离、动态隔离和排风处理（HEPA过滤）等措施，把产生的动物性气溶胶牢固地控制在污染区内，确保不向外环境扩散。人畜共患病危害，则要用个人安全防护设备来防止病原微生物对实验人员的感染。动物实验生物安全实验室的其他要求见表5-3。

表5-3　动物生物安全实验室的其他要求

危害分级	防护水平	实验操作和安全设施
1级	ABSL-1	限制出入，穿戴防护服和手套
2级	ABSL-2	在达到ABSL-1条件的基础上，还应具备生物危害警告标志，能产生气溶胶的操作应使用生物安全柜。废弃物和饲养笼舍在清洗前先清除污染
3级	ABSL-3	在达到ABSL-2条件的基础上，还应有准入控制。所有操作应使用生物安全柜，并穿着特殊的防护服，离开时淋浴
4级	ABSL-4	在达到ABSL-3条件的基础上，还应严格控制出入。进入前更衣。配备3级生物安全柜或正压防护服。离开时化学淋浴（正压服型）。所有废弃物在清除出设施前，应先清除污染

备注：①在设计和建造动物生物安全实验室时，应考虑减少人流和物流交叉污染的危险。②ABSL-1～ABSL-4除了要满足BSL-1～BSL-4的要求外，还应满足以上要求。

2004年11月12日，国务院颁布的《病原微生物实验室生物安全管理条例》规定，ABSL-1、ABSL-2实验室不得从事高致病性病原微生物实验活动。新建、改建或者扩建ABSL-1、ABSL-2实验室，应当向设区的市级人民政府卫生主管部门或者兽医主管部门备案。ABSL-3、ABSL-4实验室应当通过实验室国家认可，取得资格后方可从事研究工作。

第二节 实验动物相关生物危害及控制

从实验动物的生产、饲育到动物实验过程中，可能会产生各种潜在的生物危害因素。如果不加处理，不仅会危害动物和操作人员的安全，亦会污染设施内的环境，危害设施外公共卫生。制定相应的规章制度，妥善处理这些生物危害因素，是保障工作人员和实验人员的安全和健康、保护环境的重要一环。与实验动物和动物实验有关的生物危害如下。

一、废弃物

实验动物饲养及动物实验操作中都会产生大量的废弃物，如废弃垫料、医疗及实验用品废弃物、废液。废弃物管理的总体原则是对从实验室废弃物的产生、分类收集、警示标记、密闭包装与运输、贮存、集中统一无害化处置的整个流程实行全过程严格控制，确保使感染性、损伤性废物得到有效安全处理。

（一）废弃垫料

废弃垫料主要来自大多采用塑料笼盒内加垫料进行饲养的小动物（小鼠、大鼠、仓鼠和豚鼠）。从理论上讲，CV 动物和 SPF 动物的粪便中不含有动物的烈性传染病和人畜共患病病原体，但潜伏期或隐性感染动物体内的病原体会通过气溶胶、粪尿等途径存在于废弃垫料中，引起传染病的播散和流行。一般的废弃垫料用收集袋装好后，可委托有资质的部门处理。如明确动物患有烈性传染病和人畜共患病，则这些动物的废弃垫料必须用高压灭菌或喷洒消毒药水。

（二）医疗及实验废弃物

医疗及实验废弃物主要是指动物实验中使用的一次性手套和口罩、帽子，以及一次性注射器及实验耗材。其在实验过程中可能沾染了动物的血液和组织液，引起病原微生物的传播。医疗及实验废弃物须用专用容器收集，定期回收进行焚烧等处理；对于不能焚烧处理的有毒有害玻璃试剂瓶等，也应用专用容器收集，交有资质的部门处理。

（三）废液

废液主要来自清洗动物的笼器具的污水，须通过专门的污水管道排入化粪池进行无害化处理。实验过程中使用的试剂，如甲醛溶液、多聚甲醛、丙酮等有机溶剂也会破坏生态环境和影响居民生活环境，应倒入专用废液容器内储存，定期交专业废液处理公司处理。

二、动物尸体

死亡或实验结束后解剖处理的动物尸体和脏器组织中可能存在未知病原体感染或确

认烈性传染病，应用塑料袋等容器密封，放入专用的冷冻冰柜暂时保存，最后集中送焚烧炉焚烧。实验单位如无焚烧炉，可委托有资质的部门处理。

三、野生动物和昆虫

实验动物设施周围的野猫和野鼠是实验动物生物安全的最大潜在危险，尤其是野鼠，可携带多种人畜共患病病原体，如淋巴细胞脉络丛脑膜炎病毒、流行性出血热病毒等，排出的粪尿也会污染饲料、垫料，造成疾病流行，还会咬断电线造成设施运行障碍等。此外，昆虫类动物如蝇、蚊、蟑螂、跳蚤等可通过设施的开放区域进入动物饲养室。苍蝇、蚊子和蟑螂等是虫媒传播的重要载体，跳蚤、螨虫、虱子是实验动物的体外寄生虫，螨几乎能传播所有的病原体，亦能引起人的严重变应性、丘疹性皮炎。

在实验动物设施管理中，杜绝外界野生动物和各种昆虫的进入，应从硬件设施和软件管理两方面着手：在实验动物设施设计上，应在下水道，尤其是大动物饲养室下水道安装网眼挡板，在普通级大动物饲养室门口安装挡鼠板，避免野鼠的侵入；窗户应安装纱窗，出入通道处安装灭蚊蝇灯等，对于意外侵入动物饲养室的蚊蝇、蟑螂等昆虫应予以物理捕杀，不得用化学杀虫剂。在软件管理上，定期检查设施内外野鼠密度，捕杀野鼠，驱赶流浪猫；对饲养室逃逸的实验动物如来源不明应一律捕杀；进出实验动物设施的人员应养成随手关门的习惯。

四、实验动物致敏原

动物的被毛、皮屑、唾液、粪便和尿液中的一些微小酸性糖蛋白对某些过敏体质的人具有抗原性，引起Ⅰ型变态反应，引发过敏性鼻炎、支气管哮喘等，因此对实验动物过敏的实验人员应做好个体防护，在实验前戴好口罩、手套和防护眼镜，身穿隔离服，防止皮肤暴露在外。治疗可用一般抗过敏药缓解症状。症状严重者需要脱离动物饲养环境。

五、有害气体

有害气体主要来源于动物的粪尿排泄物，主要成分为氨气，其他还有硫化甲基、甲基硫醇等。氨气对人和动物均有一定的危害，特别是动物要长期生活在高浓度氨气中，可引起呼吸系统的疾病，皮肤和眼睛亦会受到强烈刺激，不仅影响实验结果，还不符合动物福利的原则。长期在高浓度氨气中工作的饲养人员也会患有慢性鼻炎、气管炎、支气管炎及眼结膜炎等。

要消除动物饲养室的氨气，首先在设施设计时应符合国家实验动物环境设施标准，保证足够的通风量和换气次数；其次要及时更换垫料、冲洗粪便，保持良好的环境卫生；最后要保持适度的密度，使动物有足够的活动空间和新鲜空气。

六、动物性气溶胶

动物性气溶胶可经由动物的呼吸、排泄、梳理、玩耍等日常行为产生，更换垫料或饲料、清理笼具圈舍、捕捉或连笼具移动动物等操作可引起动物的紧张、兴奋而促使其活动强度增加，并释放大量气溶胶；在实验操作中，动物的反抗是导致气溶胶生成的主要原因，进行感染性接种，尤其是鼻腔内接种，更可能造成感染性气溶胶的扩散。此外，尸体剖检和病理取材，以及处理动物排泄物、尸体及组织，动物实验废弃物等时，同样面临接触高浓度动物性气溶胶的风险。气溶胶可通过吸入、黏膜接触、摄入等方式感染人体，可能导致实验性病原体等各类致病性微生物的传播与扩散。

为有效预防和减少动物性气溶胶的危害，须严格选择实验动物，必要时进行隔离检疫，检测合格后才可使用；实验动物应饲养在相应级别实验室环境中；在接触实验动物前做好防护措施，规范操作；动物实验结束后，地面及桌面须进行消毒处理，定期将动物饲养笼盒器具进行清洗、消毒。

七、有毒有害供试品

供试品为供非临床研究的药品或拟开发为药品的物品，其可能有潜在的毒性。因此国家有关部门对供试品的管理非常严格，措施包括双人双锁管理、配备相关防护措施等，并实行严格的申请、审批、采购、接收、使用、废弃等环节的全流程化管理。

当有毒有害试剂污染皮肤时，应用适量自来水冲刷，用肥皂洗涤即可；当感染性病原体污染皮肤时，皮肤局部用碘酒消毒，再用 75% 乙醇去碘消毒；当有毒有害、感染性材料溅入眼睛时，应立即用洗眼器冲洗眼睛，用眼药水滴眼，并视情况送医院做进一步检查和治疗。

八、意外创伤

（一）动物咬、抓伤

饲养人员和实验人员应熟练掌握各种实验动物的抓取和保定技术，尽量避免被动物意外咬伤。被无特定病原体大、小鼠抓伤皮肤较表浅时，可在伤处局部皮肤区涂抹红汞即可；若被无特定病原体大、小鼠咬伤出血，可先挤出伤口处血液，再用 3% 过氧化氢棉球消毒伤口，用干棉球擦干后再外贴创可贴。被普通豚鼠、兔抓伤时，先清洗局部皮肤，再在伤处局部皮肤区涂抹红汞即可。被普通比格犬咬伤时，视咬伤时伤口的大小和深浅、出血的多少而定。出血较少的伤口可先挤出伤口处血液，再用 3% 过氧化氢棉球消毒伤口，用干棉球擦干后再外贴创可贴；当伤口较大、出血较多时，应送医院进行治疗。

对被非标准化实验动物如犬、猫、羊、猪等咬伤、抓伤时，除了进行上述创口处理外，应详细了解供应商的诚信程度、该批非标准化实验动物的来源和疫苗接种情况，确信原始个体档案的真实可靠度。如无法对上述资料的真实性做出判断时，视咬伤程度决定是否注射狂犬病疫苗。

（二）注射针头、手术刀、锐利的器械损伤

如这些锐器已接触动物组织或血液，处理方法同动物咬伤；如果未接触动物，消毒包扎即可。创口较大、出血较多时，应送医院进行进一步救治。

九、动物逃逸

动物逃逸常发生于麻醉、垫料更换等过程中。逃逸动物不仅极有可能受到各种不可控因素的影响，更有可能造成生物安全风险。当发生动物逃逸时，应立即停止实验，进行捕杀；增加室内换气次数，对动物逃逸路线及动物喷溅出的血液、分泌物用湿的消毒布或纸巾覆盖消毒并进行二次清洗消毒。

第三节　动物实验人员的安全防护

动物饲养和实验人员的安全防护主要是指针对在实验动物饲养和实验操作过程中，可能对饲养和实验人员造成危害和对公共环境造成污染等各种不安全因素所进行的防护。动物实验的不安全因素主要来自实验动物、化学试剂、实验用品等。

一、安全教育

我国的实验动物法规规定，从事实验动物和动物实验工作的人员必须经过专业培训，了解和掌握相关的法规条例及操作规范、实验动物知识、动物实验基本技术，其中也包括安全意识教育，了解和掌握生物危害的防护知识。

动物实验前人员的安全教育形式多样，如参加实验动物从业人员的岗位培训、选修医学实验动物学等相关课程，对初入动物实验室的实验人员进行现场介绍、指导等。生物安全的许多内容包含在动物实验室的各种管理制度中，因此实验人员熟悉并严格遵守这些规章制度是保证生物安全的前提。

二、安全防护

（一）个人防护用品的穿戴

在实验动物操作中，最基本的防护就是要穿着合适的防护工作服和戴口罩、帽子和手套，避免身体与动物直接接触。不同级别的环境要求，着装也不同。普通环境必须穿白大褂，戴口罩、帽子和手套。抓取和保定大动物如兔、犬、猫、猴等，需要戴围裙和长袖橡胶手套，以免被动物抓伤或咬伤。进入屏障环境须穿无菌隔离服，戴口罩、帽子和手套，更换清洁拖鞋或穿着无菌脚套。

当进行特殊实验时，根据需要选择相应特殊的防护装置，如 ABSL-3 除要求穿特制的无菌隔离服外，在处理病原体时还须戴防护面罩，离开时淋浴；ABSL-4 要求穿具有生命维持系统的正压防护服，离开时淋浴。

隔离服的样式很多，分体式的隔离服要求裤子扎住上衣，脚套扎住裤腿口，并将所有扣子或拉链系好；连体式的隔离服要求将所有扣子或拉链系好，一次性手套包裹隔离服袖口。

（二）健康检查及疫苗接种

对直接接触实验动物的工作人员，必须定期组织体检。对患有传染性疾病，不宜承担所做工作的人员，应当及时调换工作。如果进行已知的传染性实验，要在实验前对工作人员进行特异性血清抗体检测并留存，实验期间要进行定期特异抗体检测，以便了解工作人员是否在工作中受到了感染。进行强传染性病原体研究的人员，有条件者要进行药物和血清抗体预防治疗或备用，有疫苗的要进行预防免疫。

建议长期饲养犬的人员预防接种狂犬病疫苗，饲养灵长类动物的人员预防接种甲型肝炎疫苗，并定期进行结核菌素试验。

第四节　常见人畜共患病及防护

按照世界卫生组织的定义，人畜共患病是指脊椎动物与人类之间自然传播和感染的疾病，即人类和脊椎动物由共同病原体引起，在流行病学上又有关联的疾病。它是由病毒、细菌、衣原体、立克次体、支原体、螺旋体、真菌、原虫和蠕虫等病原体所引起的各种疾病的总称。多数的人畜共患病，人是其终端宿主。高度致死性和传染性的人畜共患病，不仅影响动物实验的结果，而且严重影响人的健康。常见人畜共患病及其防护措施如下。

一、狂犬病及防护

1. 病原体
导致狂犬病的病原体为狂犬病毒（rabies virus）。

2. 传播途径
患病动物如犬和猫是狂犬病主要的传染来源。患病动物含有病毒的唾液经由咬伤、抓伤或其他伤口进入人体内。几乎所有温血动物对狂犬病毒易感。

3. 临床表现
狂犬病的临床表现可分为4期。

（1）潜伏期　（平均1～3个月），在潜伏期中感染者没有任何症状。

（2）前驱期　感染者开始出现全身不适、发烧、疲倦、不安、被咬部位疼痛、感觉异常等症状。

（3）兴奋期　患者各种症状达到顶峰，出现精神紧张、全身痉挛、幻觉、谵妄、怕光、怕声、怕水、怕风等症状，因此狂犬病又被称为恐水症，患者常因咽喉部的痉挛而窒息身亡。

（4）昏迷期　如果患者能够度过兴奋期而侥幸活下来，就会进入昏迷期。本期患者深度昏迷，但狂犬病的各种症状均不再明显，大多数进入此期的患者最终因喉痉挛导致的窒息或呼吸、循环系统衰竭而亡。

4. 防治措施

对可疑动物应隔离，密切检疫并观察 2 周以上。如 2 周内死亡，应取其脑组织送到地方疾病控制中心进行病理检查。动物尸体整体焚毁。人被动物咬伤后，伤口应立即彻底清洗，不包扎，并立即（24 小时内）到防疫部门进行预防注射。一般在做犬类实验前，应给所有犬注射狂犬病疫苗。在购入犬做实验时，注意从标准化犬场购入健康实验犬做实验，不买无健康保证的犬，以免对实验人员造成危害和影响实验结果。

二、流行性出血热及防护

1. 病原体

导致流行性出血热的病原体为汉坦病毒（hanta virus）。

2. 传播途径

野生褐家鼠是流行性出血热的传染源和储存宿主。野生褐家鼠窜入动物饲养室是实验鼠感染并在动物群内传播的重要原因。实验鼠感染汉坦病毒后，可通过粪尿污染饲料垫料并经消化道传播，亦可通过呼吸道以气溶胶形式传播。人对汉坦病毒易感。

3. 临床表现

流行性出血热典型临床表现有起病急，有发热（38 ～ 40℃）、"三痛"（头痛、腰痛、眼眶痛），以及恶心、呕吐、胸闷、腹痛、腹泻、全身关节痛等症状，皮肤黏膜"三红"（脸、颈和上胸部发红），眼结膜充血，重者似酒醉貌。口腔黏膜、胸背、腋下出现大小不等的出血点或淤斑，或呈条索状、抓痕样的出血点。随着病情的发展，患者退烧，但症状反而加重，继而出现低血压、休克、少尿、无尿及严重出血等症状，故称肾综合征出血热，又称流行性出血热，如处理不当，病死率很高。因此，对患者应实行"四早一就"，即早发现、早诊断、早休息、早治疗，就近治疗，减少搬运。

4. 防治措施

流行性出血热是一种对实验人员危害较大的人畜共患传染病，在国内外已发生多次实验鼠出血热感染事件，应引起高度重视。灭野鼠、防止野鼠进入实验室是防止本病原体感染实验鼠的主要措施。采购人应从具有"实验动物质量合格证"的单位购买动物，定期进行血清学监测对于预防病毒在实验鼠间传播及由实验大鼠传播也是必要的措施之一。一旦发现感染鼠，应及时扑杀，彻底消毒饲养室和笼具，清除被污染的血清和组织。实验人员应加强个人防护，避免伤口被动物排泄物污染。

三、沙门菌病及防护

1. 病原体

沙门菌属（*Salmonella*），包括鼠伤寒沙门菌和肠炎沙门菌。

2. 传播途径

多种实验动物对沙门菌易感，尤以小鼠和豚鼠最敏感，经消化道及接触传播。

3. 临床表现

沙门菌病的症状以急性肠胃炎为主，潜伏期一般为 4 ～ 48 小时，短则数小时，长则 2 ～ 3 天，前期症状有恶心、头疼、全身乏力和发冷等，主要症状有呕吐、腹泻、腹痛，粪便呈黄绿色水样、有时带脓血和黏液，一般发热为 38 ～ 40℃，重症患者出现寒战、惊厥、抽搐和昏迷的症状。本病病程为 3 ～ 7 天，一般预后良好，但是老人、儿童和体弱者如不及时进行急救处理也可导致死亡。多数沙门菌病患者不需服药即可自愈，婴儿、老人及那些已患有某些疾病的患者应就医治疗。

4. 防治措施

由于多种实验动物对本病易感，因此不宜在同一室内饲养多种动物，以免相互交叉感染。饲料要妥善保管，严防变质，严防野鼠、苍蝇和粪便污染。颗粒饲料中总蛋白含量不得低于国家标准，否则易引起营养不良，体质下降，诱发本病。从预防着手，加强环境控制，坚持日常消毒灭菌工作，定期进行微生物学检测；发现患病动物和可疑动物要及时隔离，及早处理。沙门菌对化学消毒剂的抵抗力不强，一般常用消毒剂和消毒方法均能达到消毒目的。

四、布鲁菌病及防护

1. 病原体

导致布鲁菌病的病原体为布鲁氏杆菌（*Brucella*）。

2. 传播途径

目前，已知有 60 多种家畜、家禽、野生动物是布鲁菌的宿主。与人类有关的传染源主要是羊、牛及猪，其次是犬。染菌动物首先在同种动物间传播，造成带菌或发病。病畜的分泌物、排泄物、流产物及乳类含有大量病菌，是人类最危险的传染源。本病主要通过接触传播，亦可通过呼吸道和消化道传播。

3. 临床表现

人感染布鲁菌后，可表现为发热、头痛、寒战、出汗、虚弱、肌肉疼痛、恶心和体重减轻，伴有全身性淋巴结疼痛和脾肿大。有些病例还出现肺部、胃肠道、皮下组织、睾丸、附睾、卵巢、胆囊、肾及脑部感染，呈多发性、游走性全身肌肉和大关节痛，以后表现为骨骼受累，其中脊柱受累最常见。

4. 防治措施

不从布鲁氏杆菌疫区购买实验用家畜、家禽，购入的非标准化实验动物应进行隔离检疫，观察健康无疾病才可用于实验。一旦动物确诊感染布鲁氏杆菌，应立即处死，焚化处理，消毒饲养环境。实验人员应注意个人防护。人感染布鲁氏杆菌应立即采取相应的隔离措施，及时治疗疾病。

五、细菌性痢疾及防护

1. 病原体

导致细菌性痢疾的病原体为志贺菌（*Shigella dysenteriae*）。

2. 传播途径

细菌性痢疾由消化道感染，苍蝇和蟑螂为主要传染媒介。灵长类动物对其最为敏感。

3. 临床表现

人感染细菌性痢疾后临床表现：①急性菌痢，伴有发冷，发热，腹痛，里急后重，排黏液脓血便，全腹压痛，左下腹压痛明显。②急性中毒型菌痢（多见于儿童），起病急骤，突然高热，反复惊厥，嗜睡，昏迷，迅速发生循环衰竭和呼吸衰竭，肠道症状轻或缺如。③慢性菌痢，有持续轻重不等的腹痛，腹泻，里急后重，排黏液脓血便的痢疾症状，病程超过2个月。

4. 防治措施

定期进行猴群的微生物监测，发现粪便志贺菌阳性的病猴或健康带菌猴应及时隔离治疗，做好环境消毒工作。人患细菌性痢疾后，应暂时脱离动物饲养或实验岗位，进行抗痢疾杆菌治疗，必要时予以静脉滴注，纠正水、电解质紊乱和酸碱平衡。

六、弓形虫病及防护

1. 病原体

导致弓形虫病的病原体为弓形虫（Toxoplasma gondii）。

2. 传播途径

猫及某些猫科动物为弓形虫病终末宿主，中间宿主则非常广泛，包括爬行类、鱼类、昆虫类、鸟类、哺乳类等动物和人类。弓形虫病通过皮肤或消化道传播。

3. 临床表现

先天性感染弓形虫病可导致全身性疾病，常伴有严重的神经病理学变化。出生的婴儿感染表现为全身淋巴结炎，不经治疗可在几周内消退。老年人感染后多表现为发热、斑丘疹、肌肉疼痛、关节痛、颈后淋巴结炎症、肺炎、心肌炎和脑膜炎。

4. 防治措施

引进动物前要进行弓形虫检查；定期进行血清学检查以预防本病的传播。妊娠3个月内的孕妇应避免接触犬、猫等动物。确诊弓形虫病应及时治疗。

七、钩端螺旋体病及防护

1. 病原体

导致钩端螺旋体病的病原体为钩端螺旋体（Leptospira）。

2. 传播途径

钩端螺旋体病经皮肤及消化道传播，吸血昆虫亦可传播该病。钩端螺旋体宿主广泛，以啮齿类动物、食肉目最为重要。犬是钩端螺旋体的重要储存宿主和传染源。

3. 临床表现

钩端螺旋体通过皮肤黏膜侵入机体，在局部经7～10天潜伏期，然后进入血流大量繁殖，引起早期钩体败血症。在此期间，由于钩端螺旋体及其释放的毒性产物的作用，出现发热、恶寒、全身酸痛、头痛、结膜充血、腓肠肌痛。钩端螺旋体在血液中存在 1 个月左右，随后钩端螺旋体侵入肝、脾、肾、肺、心、淋巴结和中枢神经系统等处，引起相关脏器和组织的损害和体征。由于钩端螺旋体的菌型、毒力、数量不同，以及机体免疫力强弱不同，病程发展和症状轻重差异很大，临床可见多种类型：流感伤寒型、黄疸出血型、肺出血型，尚有脑膜脑炎型、肾衰竭型、胃肠炎型等，均表现相应器官损害的症状；部分患者还可能出现恢复期并发症，如眼葡萄膜炎、脑动脉炎、失明、瘫痪等，可能由变态反应所致。

4. 防治措施

实验用犬预防接种钩端螺旋体疫苗，定期消毒饲养室；做好个人防护。

第六章　常用实验动物 ▷▷▷▷

对实验动物饲养和动物实验人员来说，了解常用实验动物的生物学特性和解剖生理特点，是养好实验动物的基础，也是做好动物实验的前提。只有充分了解实验动物的特点和特性，才能在实际工作中采取科学合理的饲养管理方式，科学地选择实验动物，合理地应用实验动物，正确地分析实验结果，得出准确、可靠的结论。

第一节　小　鼠

小鼠在生物分类学上属哺乳纲，啮齿目，鼠科，小鼠属，小家鼠种。小鼠有20对染色体。野生小家鼠经过长期人工饲养和选择培育，已育成许多品种（品系）的小鼠，并广泛应用于生物学、医学、兽医学领域的研究、教学，以及药品和生物制品的研制和检定工作。

一、生物学特性

（一）行为习性

1. 胆小怕惊

对环境反应敏感的小鼠经过长期培育驯养，性情温驯，易于抓捕，一般不会咬人，但在哺乳期或雄鼠打架时，会出现咬人现象。小鼠对外界环境的变化敏感，不耐冷热，对疾病抵抗力差，不耐强光和噪声。

2. 昼伏夜动

小鼠喜黑暗环境，习惯于昼伏夜动，其进食、交配、分娩多发生在夜间。

3. 喜群居

与单笼饲养的小鼠相比，群居的小鼠对饲料消耗快，生长发育速度也较快。雄鼠好斗，性成熟后的小鼠群居时易发生斗殴。

4. 适应性差

小鼠不耐饥渴，不耐冷热，如饲养室温度超过32℃，常会造成其死亡。对疾病的抵抗力差，因而遇到传染病时往往会发生成群死亡。

5. 喜啃咬

小鼠因门齿生长较快，需经常啃咬坚硬物品。

（二）解剖学特点

1. 外观

小鼠面部尖突，嘴脸前部有 19 根触须。耳半圆形、耸立，小白鼠眼睛大而鲜红。尾长约与体长相等，尾部复有短毛和环状角质鳞片。

2. 体型

小鼠是哺乳动物中体型较小的动物，出生时体重仅为 1.5g，体长为 2cm 左右，1 ～ 1.5 月龄达 18 ～ 22g，供实验使用。成年小鼠体重可达到 30 ～ 40g，体长约为 11cm。

3. 骨

小鼠全身骨骼由头骨、躯干骨（椎骨、胸骨、肋骨）和四肢骨组成。

4. 牙齿

小鼠的齿式为 2（门 1/1、犬 0/0、前臼 0/0、臼齿 3/3）=16，每侧上、下颌各有门齿 1 个、臼齿 3 个。门齿终生生长，需经常啃咬坚硬物品。

5. 消化系统

小鼠食管长约 2cm，食管内壁有一层厚的角质化鳞状上皮。胃属单室胃，分为前胃和后胃，前胃壁薄呈半透明状，后胃不透明，富含肌肉和腺体，伸缩性强。肝脏分 4叶，即左叶、右叶、中叶和尾叶，有胆囊；胰腺呈树枝状，分散在十二指肠、胃底及脾门处，色淡红，似脂肪组织。

6. 呼吸系统

小鼠左肺单叶，右肺 4 叶（上叶、中间叶、下叶、腔后叶）。

7. 生殖系统

雌鼠有"Y"形双子宫；卵巢有系膜包绕，不与腹腔相通，故无宫外孕。乳腺发达，共有 5 对乳腺，其中 3 对位于胸部，可延续到背部和颈部，2 对位于腹部，延续到鼠蹊部、会阴部和腹部两侧，并与胸部乳腺相连。雄鼠生殖器官中有凝固腺，在交配后，分泌物可凝固于雌鼠阴道和子宫颈内形成阴道栓。

8. 淋巴系统

小鼠淋巴系统特别发达，性成熟前胸腺最大，35 ～ 80 日龄渐渐退化。脾脏有明显的造血功能，所含的造血细胞包括巨核细胞、原始造血细胞等，并组成造血灶。巨核细胞的核较大，有时易被误认为肿瘤细胞。

9. 骨髓

小鼠骨髓为红骨髓，终生造血。

10. 皮肤

小鼠无汗腺，靠尾巴散热。

（三）生理特点

1. 生长发育

小鼠出生时赤裸无毛，全身通红，两眼紧闭，两耳粘贴在皮肤上，嗅觉和味觉功能发育完全；3 日龄脐带脱落，皮肤由红转白，有色小鼠可呈淡淡的颜色，开始长毛和胡须；4～6 日龄，双耳张开耸立；7～8 日龄，开始爬动，下门齿长出，此时被毛已相当浓密；9～11 日龄，听觉发育齐全，被毛长齐；12～14 日龄，睁眼，上门齿长出，开始采食饮水；3 周龄可离乳独立生活。寿命 2～3 年。

小鼠 1～2 月龄体重达 18～22g，供实验使用。其体重增长的快慢因品种、品系、饲料营养及环境条件的不同而有差异。

2. 生殖生理

小鼠成熟早、繁殖力强，雌鼠一般在 35～45 日龄、雄鼠在 45～60 日龄性发育成熟。雌鼠属全年多发情动物，发情周期为 4～5 天，妊娠期为 19～21 天，哺乳期为 20～22 天，有产后发情的特点，特别有利于繁殖生产，一次排卵 10～20 个，每胎产崽数 8～15 只，年产 6～9 胎，生育期为 1 年。

3. 正常生理数据

小鼠胃容量小（1～1.5mL），正常体温为 37～39℃，呼吸频率为 84～230 次 / 分，心率为 470～780 次 / 分，血红细胞计数数为（7.7～12.5）×10^{12}/L，血白细胞计数为（6～12）×10^9/L，血红蛋白为 100～190g/L。

（四）主要品种和品系

小鼠品种、品系繁多，可分为近交系、封闭群和突变系几大类群，下面选择其主要类群加以介绍。

1. 近交系

（1）C57BL/6J 小鼠　C57BL/6J 小鼠于 1921 年育成，是目前使用最广泛的实验小鼠。C57BL/6J 是继人类之后第二个开始基因组测序工程的哺乳动物。该小鼠黑色，低发乳腺癌，对放射性耐受较强，眼畸形、口唇裂发生率约为 20%，淋巴细胞性白血病发生率约为 6%，对结核杆菌有耐受性，广泛用于小鼠的遗传工程研究、肿瘤学和生理学研究。

（2）BALB/c 小鼠　BALB/c 小鼠于 1923 年育成，白化，乳腺癌发病率低，肺癌发病率雌性为 26%，雄性肺癌发病率为 29%，常有动脉硬化，血压较高，老年雄性小鼠多有心脏损害，对辐照极敏感，常用于肿瘤学、免疫学、生理学、核医学和单克隆抗体研究。

（3）C3H/He 小鼠　C3H/He 小鼠于 1920 年育成。C3H 小鼠是国际上使用最广的品系之一，野生色，乳腺癌发病率为 97%，对致肝癌物质感受性强，对狂犬病毒敏感，对炭疽杆菌有抵抗力，可用于免疫学、肿瘤学、生理学和核医学的研究。

（4）AKR　AKR 小鼠于 1936 年育成，1975 年由英国实验动物中心引入我国。该小鼠毛色为白化，为高发白血病品系，雄性小鼠淋巴性白血病发病率为 76%～99%、雌性为 68%～90%，血液内过氧化氢酶活性高，肾上腺类固醇脂类浓度低，对百日咳组胺易感因子敏感，常用于肿瘤学和免疫学等的研究。

（5）DBA 小鼠　DBA 是 1907～1909 年育成的第一个近交品系的小鼠，浅灰色，常用亚系为 DBA/1、DBA/2。1 年以上雄鼠乳腺癌发病率约为 75%，对结核菌、鼠伤寒沙门杆菌敏感。老龄雄鼠有钙质沉着。DBA/2 乳腺癌发病率：雄性为 66%，育成雄鼠为 30%。白血病发病率：雌鼠为 6%，雄鼠为 8%。该小鼠主要用于肿瘤学、微生物学研究。

（6）CBA/N 小鼠　CBA/N 小鼠是 1920 年用白化雌性小鼠与 DBA 雄性小鼠交配后，经近交培育而成，毛色为野鼠色，1987 年从 NIH 引入中国。CBA/N 携带性连锁隐性基因 xid（x 为连锁免疫缺陷基因），该基因使小鼠脾 B 淋巴细胞数目减少并有缺陷，导致缺少成熟 B 淋巴细胞，从而对某些 B 淋巴细胞抗原缺乏免疫应答。雌性小鼠乳腺肿瘤发生率为 33%～65%，雄性小鼠肝细胞肿瘤发生率为 25%～65%。该小鼠对麻疹病毒高度敏感，常用于肿瘤学、生理学和免疫学等方面的研究。

2. 封闭群

（1）KM 小鼠　KM 小鼠于 1946 年从印度某研究所引入云南昆明，1952 年由昆明引入北京生物制品研究所，后遍及全国，用随机交配方式饲养，为我国主要的实验小鼠。KM 小鼠抗病力和适应性强，广泛用于药理学、毒理学、微生物学研究，以及药品、生物制品的效果实验和安全性评价。

（2）NIH 小鼠　NIH 小鼠由美国国立卫生研究院培育而成，白化，繁殖力强，产崽成活率高，雄性好斗，广泛用于药理学、毒理学研究，以及生物制品的检定。

（3）ICR 小鼠　ICR 小鼠起源于美国某研究所，产崽多，抗病力强，适应性强，是我国使用较广的封闭群小鼠之一，广泛用于药理学、毒理学、微生物学研究，以及药品、生物制品的效果实验和安全性评价。

3. 突变系

（1）裸小鼠（nude mice）　裸小鼠起源于非近交系小鼠。该小鼠先天性无胸腺，由一个隐性突变基因致 T 淋巴细胞功能缺陷，该裸基因位于第 11 对染色体上，常用"nu"表示。将裸基因"nu"回交到不同品系小鼠中可获得不同的突变系。常用的裸小鼠突变系有 BALB/c-nu、NC-nu、C3H-nu、Swiss-nu 等。裸小鼠全身几乎无毛，偶见背部有稀疏的带状毛，皮薄有皱褶。皮肤色素 BALB/c-nu 为浅红色白眼；C3H-nu 为灰白色黑眼；C57BL-nu 为黑灰色至黑色。运动功能正常。裸小鼠胸腺仅有残迹或异常上皮，这种上皮不能使 T 细胞正常分化，缺乏成熟 T 细胞的辅助、抑制和杀伤功能，因而细胞免疫力低下，失去正常 T 细胞功能，但其 B 淋巴细胞功能基本正常。成年裸小鼠（6～8 周龄）较普通小鼠有较高水平的 NK 细胞活性，而幼鼠（3～4 周龄）的 NK 细胞活性低下。裸小鼠的发现为肿瘤学等方面的研究提供了难得的模型材料，目前，裸小鼠已成为医学研究领域中不可缺少的实验动物之一。

（2）重度联合免疫缺陷小鼠　重度联合免疫缺陷小鼠（severe combined immunodeficiency mice，SCID）起源于 BALB/c 带有免疫球蛋白重链等位基因（Igh-1b）的同源近交系，位于第 16 号染色体的 SCID 单个隐性基因发生突变。SCID 小鼠外观与普通小鼠差别不大，有毛，被毛白色，体重发育正常，但胸腺、脾、淋巴结的重量不及正常的 30%，组织学上表现为淋巴细胞显著缺陷。因其丧失 T 和 B 淋巴细胞免疫功能，

SCID 小鼠极易死于感染性疾病，必须饲养在屏障环境中。SCID 小鼠是继裸小鼠出现之后，人类发现的又一种十分有价值的免疫缺陷类动物，现已广泛应用于肿瘤学、免疫学、病毒学、异体移植等研究。

二、小鼠在医学生物学中的应用

小鼠体型小，生长繁殖快，饲养管理方便，质量标准明确，品种、品系较多。因此，小鼠是生物医学研究和药品、生物制品检定中应用最广泛的实验动物。

（一）药物研究

1. 筛选性试验

小鼠广泛用于各种药物的筛选性试验，如抗肿瘤药物、抗结核药物等的筛选。

2. 毒性试验和安全评价

由于小鼠对多种毒性刺激敏感，因此，小鼠常用于药物的急性、亚急性和慢性毒性试验及半数致死量（LD_{50}）测定。新药用于临床前，毒理学研究中的"三致"（致癌、致畸、致突变）试验也常用小鼠进行。

3. 药效学研究

利用小鼠瞳孔放大作用测试药物对副交感神经和神经接头的影响，用声源性惊厥的小鼠评价抗痉挛药物的药效。但小鼠对吗啡的反应与一般动物相反，表现为兴奋，实验选用时应加以注意。

4. 生物药品和制剂的效价测定

小鼠广泛用于血清、疫苗等生物制品的鉴定，以及生物效价的测定及各种生物效应的研究。

（二）病毒、细菌和寄生虫病学研究

小鼠对多种病原体和毒素敏感，因而适用于流行性感冒、脑炎、狂犬病，以及支原体、沙门菌等的研究。

（三）肿瘤学研究

小鼠有许多品系能自发肿瘤。据统计，近交系小鼠中大约有 24 个品系或亚系都有其特定的自发性肿瘤。如 AKR 小鼠白血病发病率为 90%，C3H 小鼠的乳腺癌发病率高达 90%～97%。这些自发性肿瘤与人体肿瘤在肿瘤发生学上相近，所以常选用小鼠自发的各种肿瘤模型进行抗癌药物的筛选。另外，小鼠对致癌物敏感，可诱发各种肿瘤模型。如用二乙基亚硝胺诱发小鼠肺癌，利用诱发性肿瘤模型进行肿瘤病因学、发病学和肿瘤防治的实验研究。

（四）遗传学研究

小鼠一些品系有自发性遗传病，如小鼠黑色素病、白化病、尿崩症、家族性肥胖和

遗传性贫血等与人类疾病相似，可以作为人类遗传性疾病的动物模型。重组近交系、同源近交系和转基因小鼠也常用于遗传方面的研究。另外，小鼠的毛色变化多种多样，因此，常用小鼠毛色做遗传学实验。

（五）免疫学研究

BALB/c 小鼠免疫后的脾细胞能与骨髓细胞融合，可进行单克隆抗体的制备和研究。免疫缺陷的小鼠如 T 细胞缺乏裸小鼠、严重联合免疫缺陷小鼠、NK 细胞缺陷小鼠，可用于研究自然防御细胞和免疫辅助细胞的分化和功能及其相互关系，是人和动物肿瘤或组织接种用动物，已成为研究免疫机制的良好模式动物。

（六）计划生育研究

小鼠妊娠期短，繁殖力强，又有产后发情的特点，因此，适用于做计划生育方面的研究。

（七）内分泌疾病研究

小鼠肾上腺皮质肥大造成肾上腺皮质功能亢进，发生类似人类库欣综合征。肾上腺淀粉样变造成肾上腺激素分泌不足，可导致阿狄森（Addison）病症状。因此，常用小鼠复制内分泌疾病的动物模型，用于做内分泌疾病方面的研究。

（八）老年学研究

小鼠的寿命短，周转快，使它们在老年学研究中极为有用，很多抗衰老药物的研究可在小鼠身上进行。

（九）镇咳药研究

小鼠有咳嗽反应，可利用这一特点研究镇咳类药物，使其成为必选实验动物。

（十）遗传工程研究

由于小鼠是哺乳动物，在 6000 万～ 7000 万年前与人类有共同的祖先；小鼠也是继人之后第二个开始基因组测序工程的哺乳动物，对小鼠 DNA 初步的序列分析表明，小鼠和人类功能基因的同源性高达 90％以上。所以，小鼠是遗传工程、功能基因研究的最好材料。

第二节 大 鼠

大鼠在生物分类学上属脊索动物门，哺乳纲，啮齿目，鼠科，大家鼠属，褐家鼠种。大鼠是野生褐家鼠的变种，有 21 对染色体。18 世纪后期开始被人工饲养，现在已广泛应用于生命科学等研究领域。

一、生物学特性

（一）行为习性

1. 昼伏夜动

大鼠习惯于昼伏夜动，喜欢白天挤在一起休息，夜间和清晨比较活跃，其进食、交配多在此时间进行。

2. 喜群居

大鼠同小鼠一样，喜欢群居生活，大鼠比小鼠少出现斗殴现象。

3. 胆小怕惊

大鼠性情温顺，易于捕捉，但当操作粗暴或长时期的营养缺乏或突然发生强烈的噪声会变得紧张不安而难以捕捉，甚至出现攻击行为。孕鼠和哺乳鼠更易产生以上现象。

4. 喜啃咬

大鼠门齿终生生长，也有磨牙的特点，所以饲喂的颗粒饲料要求硬度适中，以符合其喜啃咬的习性。

5. 抗病力较强

大鼠对外环境的适应性强，成年大鼠很少患病。能感染大鼠的病毒种类远少于小鼠。

6. 对噪声的敏感性强

噪声能使大鼠内分泌系统紊乱、性功能减退、吃崽或死亡，故饲养室内应尽量保持安静。

（二）解剖学特点

1. 外观与体型

大鼠与小鼠相似，但体型较大，体重约是小鼠的 10 倍，面部尖突，嘴脸前部有触须，耳耸立呈半圆形，眼大、鼻尖、尾长，尾部覆有短毛和环状角质鳞片。新生仔鼠出生时体重 5.5～10g，根据营养状况和环境的不同，6～8 周龄达到 180～220g，其体长不小于 18cm，可供实验使用。

2. 牙齿

大鼠的齿式为 2（门 1/1，犬 0/0，前臼 0/0，臼齿 3/3）=16，每侧上、下颌各有门齿 1 个，臼齿 3 个。门齿终生不断生长，需通过磨牙维持其恒定。

3. 消化系统

大鼠胃属单室胃，胃分前后两部分，前胃壁薄呈半透明状，后胃壁厚不透明，富含肌肉和腺体，伸缩性强。肝脏分 6 叶，即左叶、左副叶、右叶、右副叶、尾状叶和乳头叶，肝脏再生能力极强，被切除 60%～70% 后仍可再生。大鼠无胆囊，胆管和十二指肠相通，胰腺呈树枝状，左端在胃的后方与脾相连，右端紧连十二指肠，与脂肪组织的区别是胰腺颜色较暗，质地较坚硬。

4. 呼吸系统

大鼠左肺单叶，右肺 4 叶（上叶、中叶、下叶、后叶）。

5. 内分泌系统

大鼠脑垂体较弱地附于漏斗下部，易做去垂体模型；胸腺由叶片状灰色柔软腺体组成，在胸腔内心脏前方，无扁桃体。

6. 生殖系统

大鼠为双角子宫，左右子宫角与子宫体呈"Y"形排列。乳腺发达，共有 6 对乳腺，其中 3 对位于胸部、3 对位于鼠蹊部。雄鼠生殖器官中有凝固腺，在交配后分泌物可凝固于雌鼠阴道和子宫颈内形成阴道栓。

7. 其他

大鼠的汗腺不发达，仅在爪垫上有汗腺，尾巴是散热器官。大鼠在高温环境下，靠流出大量的唾液来调节体温。

（三）生理学特点

1. 生长发育

大鼠生长发育快，初生仔无毛，闭眼，耳贴于皮肤，耳孔闭合，体重 6～7g，3～5 天耳朵张开，约 7 天可见明显被毛，8～10 天门齿长出，14～17 天开眼，19 天第一对臼齿长出，21 天第二对臼齿长出，35 天第三对臼齿长出，60 天体重可达到 180～240g，可供实验用。寿命为 2.5～3 年，最长寿命为 5 年。

2. 生殖生理

大鼠为全年多发情动物。雄鼠 2 月龄、雌鼠 2.5 月龄达性成熟，性周期为 4.4～4.8 天，妊娠期为 19～21 天，哺乳期为 21 天，每胎平均产崽 8 只。生育期为 1 年。

3. 无呕吐反射

大鼠的食管通过界限嵴的一个皱褶进入胃小弯，该皱褶能阻止胃内容物反流到食管，是大鼠不会呕吐的原因，因此不适合做呕吐实验。

4. 营养

大鼠对某些营养素缺乏非常敏感，尤其是蛋白质、维生素 A、维生素 E。

5. 正常生理数据

大鼠正常体温为 38.5～39.5℃，呼吸频率为 66～114 次／分，心率为 370～580 次／分，血红细胞计数为（7.2～9.6）×10^{12}/L，血白细胞计数为（5～15）×10^9/L，血红蛋白为 120～175g/L。

二、大鼠在医学生物学中的应用

大鼠体形大小适中，繁殖快，产崽多，易饲养，给药方便，采样量合适，畸胎发生率低，行为多样化，在实验研究中应用广泛，数量上仅次于小鼠。

（一）药物研究

1. 药物安全性评价试验

大鼠常用于药物亚急性、慢性毒性试验，以及致畸试验和药物毒性作用机理的研究，也可用于某些药物不良反应的研究。

2. 药效学研究

（1）大鼠血压和血管阻力对药物的反应很敏感，常用于研究心血管药物的药理和调压作用，还用于心血管系统新药的筛选。

（2）大鼠常用于抗炎类药物的筛选和评价，如对多发性、化脓性及变态反应性关节炎、中耳炎、内耳炎、淋巴腺炎等治疗药物的评价。

（3）大鼠常用于神经系统药物的筛选和药效研究。

（二）行为学研究

大鼠行为表现多样，情绪反应敏感，具有一定的变化特征，常用于研究各种行为和高级神经活动的表现。

1. 利用迷宫试验测试大鼠的学习和记忆能力。

2. 利用奖励和惩罚试验，如采用跳台试验等方法，测试大鼠记忆判断和回避惩罚的能力。

3. 大鼠适合用于成瘾性药物的行为学研究，如在一定时间内给大鼠喂饲一定剂量的乙醇、咖啡因后，大鼠对上述药物产生依赖及行为改变。

4. 利用大鼠研究假定与神经反射异常有关的行为情景，如进行性神经官能症、抑郁性精神病、脑发育不全或迟缓等疾病的行为学研究。

（三）肿瘤学研究

大鼠对化学致癌物敏感，可复制出各种肿瘤模型。

（四）内分泌研究

大鼠的内分泌腺容易被摘除，常用于研究各种腺体及激素对全身生理生化功能的调节，激素腺体和靶器官的相互作用，激素对生殖功能的影响等。

（五）感染性疾病研究

大鼠对多种细菌、病毒、毒素和寄生虫敏感，适宜复制多种细菌性和病毒性疾病模型。

（六）营养学和代谢疾病的研究

大鼠对营养缺乏敏感，是营养学研究的重要动物，如维生素 A、维生素 B 和蛋白质缺乏，以及氨基酸、钙、磷代谢的研究常用大鼠作为研究材料。

（七）肝脏外科学研究

大鼠肝脏的库普弗细胞 90% 有吞噬能力，即使切除肝叶 60% ～ 70% 后仍能再生，因此常用于肝脏外科的研究。大鼠无胆囊，可从胆管直接收集胆汁，可用做胆道疾患、消化功能及急性肝功能衰竭研究。

（八）计划生育研究

大鼠性成熟早、繁殖快并为全年多发情动物，适合做抗生育、抗着床、抗早孕、抗排卵和避孕药筛选试验。

（九）遗传学研究

大鼠的毛色变型很多，具有多种的毛色基因类型，常应用于遗传学研究。

（十）老年病学研究、放射学研究及中医中药研究

大鼠在老年病学、放射学及中医学方面的应用也越来越多，适合制作各类疾病模型。

第三节　家　兔

家兔系哺乳纲，兔形目，兔科，穴兔属，穴兔种。家兔是由野生穴兔经驯养选育而成。

家兔曾被列入啮齿目，后因啮齿目动物只有 4 颗切齿，而兔有 6 颗切齿，其中 1 对较小的切齿紧贴在上颚 1 对大切齿的后方，呈圆形而不尖锐，故现被列入兔形目。

一、生物学特性

（一）行为习性

1. 昼伏夜动

家兔是夜间活动的动物，夜间十分活跃，白天活动少，除进食常处于假眠或闭目休息状态。

2. 胆小怕惊

家兔异常胆小，喜安静环境，如受惊过度往往乱奔乱窜，甚至冲出笼门，被陌生人接近或捕捉时，常用后肢拍击踏板，甚至咬人，或因挣扎而抓伤捕捉者。

3. 群居性差

家兔性情温顺，但群居性差，群养的同性别成年兔往往发生斗殴。

4. 食粪癖

家兔有从肛门直接食粪的癖好，哺乳期仔兔也有吃母兔粪的习惯，以吃夜间排出的软粪为主。吃粪可使软粪中丰富的粗蛋白、粗纤维和 B 族维生素得到重新利用。

5. 怕潮湿

家兔耐干燥而不耐潮湿，潮湿环境容易使其患肠道疾病。家兔喜欢清洁、干燥、凉爽的环境，有耐寒不耐热、排粪尿固定在笼具一角的特性，不能忍受污秽的条件。

6. 喜啃咬

家兔有啮齿类动物的习性，喜欢磨牙和啃咬木头，损坏木制品。

7. 草食性

家兔属草食动物，其消化道结构有利于粗纤维和粗饲料的消化吸收。

8. 喜穴居

散养的家兔保留穴居习性，喜欢在泥土地上挖洞穴。

（二）解剖学特点

1. 形态特征

家兔属于中等体型的实验动物，毛色主要有白、黑、灰蓝色，还有咖啡色、灰色、麻色，耳朵大、眼睛大、腰臀丰满、四肢粗壮有力。新生仔兔体重约50g，成年家兔因品种而异，体重差异很大，小型成年家兔体重为 1.5～2.5kg，大型家兔可达 4～5kg。

2. 牙齿

家兔乳齿齿式为 2（门 2/1，犬 0/0，前臼 1/1，臼齿 3/2）=16，成年家兔齿式为 2（门 2/1，犬 0/0，前臼 3/2，臼齿 3/3）=28，唾液腺有 4 对，即腮腺、颌下腺、舌下腺和眶下腺。

3. 消化系统

家兔肝脏腹面的裂沟可将肝脏分成 4 部分，左侧有两个大的肝叶，分别称为左外侧叶和左内侧叶；右侧有一较小的右叶，右叶与左内侧叶之间为狭窄的中央叶。家兔胃为消化管中最膨大的部位，胃的入口为贲门，上接食管，胃的出口为幽门，与十二指肠相通。家兔肠管较发达，大约为体长的 10 倍，分为大肠和小肠两部分，小肠包括十二指肠、空肠和回肠，大肠包括盲肠、结肠和直肠。家兔盲肠特别发达，几乎占据了腹腔的 1/3 回肠和盲肠相连处膨大形成一厚壁的圆囊，称为圆小囊，为家兔特有的结构。

4. 胸腔

家兔的胸腔被纵隔分为互不相通的左右两半，心脏又有心包胸膜隔开，当开胸或打开心包胸膜暴露心脏时，只要不弄破纵隔膜，动物就不必做人工呼吸。

5. 生殖系统

家兔的睾丸呈长卵圆形，幼兔睾丸位于腹膜内，性成熟后睾丸会降到阴囊或缩回腹腔。母兔乳腺有 4 对，卵巢位于腹腔内肾的后方，左右各一，呈扁平卵圆形，到发情期，可排卵经输卵管进入子宫。子宫属于双子宫类型，是由一对独立的子宫角弯曲而成。子宫角的后端扩大成子宫，每个角是一个独立的子宫，左右子宫的出口分别独立进入阴道。

（三）生理学特点

1. 消化生理

家兔是草食性动物，喜食青、粗饲料，其消化道中的淋巴球囊有助于粗纤维的消化，对粗纤维和粗饲料中蛋白质的消化率都很高。家兔排泄两种粪便，一种是硬的颗粒粪球，在白天排出；另一种是软的团状粪便，在夜间排出。

幼兔易发生消化道疾病，消化道发炎时，消化道壁变成为可渗透的，这与成年兔不同，所以幼兔患消化道疾病时症状严重，并常有中毒现象。

2. 生长发育

家兔生长发育迅速。仔兔出生时全身裸露，眼睛紧闭，出生后 3 ～ 4 日龄即开始长毛；10 ～ 12 日龄眼睛睁开，出巢活动并随母兔试吃饲料，21 日龄左右能正常吃料；30 日龄左右被毛形成。仔兔出生时体重约 50g，1 月龄时体重相当于初生的 10 倍。寿命 8 ～ 15 年。

3. 生殖生理

家兔繁殖力强，属常年多发情动物，性周期一般为 8 ～ 15 天，妊娠期为 30 ～ 33 天，哺乳期为 25 ～ 45 天（平均 42 天），窝产崽一般为 1 ～ 10 只（平均 7 只）。适配年龄，雄性为 7 ～ 9 月龄，雌性为 6 ～ 7 月龄。正常繁殖年限为 2 ～ 3 年。雌兔有产后发情现象。雌兔进入性欲活跃期时表现为活跃、不安、跑跳踏足、抑制、少食，外阴稍有肿胀和潮红、有分泌物，通常需要交配刺激诱发排卵，一般在交配后 10 ～ 12 小时排卵。

4. 体温调节

家兔对热源反应灵敏恒定，主要依靠耳和呼吸散热，易产生发热反应，对热源反应灵敏、典型、恒定。对环境温度变化的适应性，有明显的年龄差异。幼兔比成年兔可忍受较高的环境温度，初生仔兔体温调节系统发育很差，因此体温不稳定，至 10 日龄才初具体温调节能力，至 30 日龄被毛形成，热调节功能进一步加强。适应的环境温度因年龄而异，初生仔兔窝内温度为 30 ～ 32℃；成年兔窝内温度为 15 ～ 20℃，一般不低于 5℃，不高于 25℃。

5. 正常生理数据

家兔的正常体温为 38.5 ～ 39.5℃，呼吸频率为 38 ～ 60 次 / 分，心率为 230 ～ 286 次 / 分，血红细胞计数为（4.5 ～ 7.0）$\times 10^{12}$/L，血白细胞计数为（6.0 ～ 13.0）$\times 10^9$/L，血红蛋白为 80 ～ 150g/L。

二、家兔在医学生物学研究中的应用

（一）免疫学研究

家兔是制备免疫血清的理想动物，其特点是制备的血清制品效价高、特异性强，因此被广泛地用于各类抗血清和诊断试剂的研制。

（二）药品、生物制品检验

由于家兔的体温变化十分灵敏，易于产生发热反应，热型恒定，因此各种药品的热源检验常选用家兔。

（三）兽用生物制品的制备

猪瘟兔化弱毒苗、猪支原体乳兔苗等生物制品均是通过家兔研制的。

（四）破骨细胞的制备

新生乳兔作为制备破骨细胞的理想实验动物，被广泛地用于口腔医学方面的研究。

（五）眼科学的研究

家兔眼球大，便于进行手术操作和观察，是眼科研究中常用的实验动物。

（六）制备动物疾病模型

利用家兔研究胆固醇代谢和动脉粥样硬化，利用纯胆固醇溶于植物油中喂饲家兔，可以引起家兔典型的高胆固醇血症。以家兔制备的疾病模型有高脂血症、主动脉粥样硬化斑块、冠状动脉粥样硬化病变，与人类的病变基本相似。

（七）皮肤反应试验

家兔皮肤对刺激反应敏感，其反应近似于人。常选用家兔皮肤进行毒物对皮肤局部作用的研究。家兔耳可用于实验性芥子气皮肤损伤、冻伤和烫伤的研究。家兔皮肤也可用于化妆品的研究。

（八）其他研究

家兔适合用于多种寄生虫病的研究、畸形学的研究，人、兽传染病诊断中病原的毒力试验，以及生物制品的安全试验、效力测定，化工生产中的急性和慢性毒性等试验也常用家兔进行。

第四节　犬

犬属于脊索动物门，哺乳纲，食肉目，犬科，犬属，犬种，染色体为 39 对。

犬是最早被驯化的家养动物之一，一般认为狼、狐和胡狼等犬科动物与犬有一定的亲缘关系。从 20 世纪 40 年代开始，犬才作为实验动物被使用。1950 年，美国推荐英国产的比格小猎兔犬作为实验用犬，适用于生物医学各个学科的研究。

一、生物学特性

（一）行为习性

1.犬聪明机警，爱好近人，易于驯养，善与人为伴，有服从人意志的天性，能够领会人的简单意图。

2.犬能适应比较热和比较冷的气候。

3.犬为肉食性动物，善食肉类和脂肪，同时喜欢啃咬骨头以磨利牙。

4.犬习惯不停地活动，因此要求有足够的运动场地。对生产繁殖的种犬，更应注意有足够的活动场地和活动量。

5.犬常用摇尾、跳跃表示内心的喜悦，吠叫可以是诉求，也可能是进攻的前兆。犬在饲养管理过程中如被粗暴对待，往往容易恢复野性。

6.犬的神经系统较发达，能较快地建立条件反射。犬的时间观念和记忆力都很强。

7.犬归向感好，远离主人或住地，仍能够回家。

（二）解剖学特点

1. 骨

犬的全身骨骼由头骨、躯干骨（椎骨、胸骨、肋骨）和四肢骨组成。其中，脊柱包括颈椎 7 块、胸椎 14 块、腰椎 5 ～ 6 块、荐椎 3 块、尾椎 8 ～ 22 块。肋骨包括 9 对真肋、4 对假肋。阴茎骨是犬科特有的骨头，但没有锁骨，肩胛骨由骨骼肌连接躯体。

2. 牙齿

犬的乳齿齿式为 2（门 3/3，犬 1/1，前臼 3/3，臼齿 0/0）=28，成年齿式为 2（门 3/3，犬 1/1，前臼 4/4，臼齿 2/3）=42，犬齿、臼齿发达，撕咬力强，咀嚼力差。犬齿大而锋利，能切断食物，喜欢啃骨头以利磨牙。

3. 消化系统

犬的胃较小，在充满状态呈不规则梨形，容量比较大。肝脏分 7 叶，胆囊隐藏在肝脏右外侧叶与右中间叶之间的胆囊窝内，胆管在门静脉裂的腹侧部与肝总管相连接，形成胆总管，开口于十二指肠。胰腺较小，呈粉红色，柔软细长，呈"V"字形。

4. 呼吸系统

犬的肺共有 7 叶，左肺分为尖叶、心叶和膈叶，右肺分为尖叶、心叶、膈叶和中间叶。左肺比右肺小 1/4。

5. 生殖系统

犬的睾丸位于阴囊内，左右各一，较小，呈卵圆形，长轴自上后方向前下方倾斜。附睾较大，紧密附着于睾丸外侧面的背侧方，其前端膨大为附睾头，后端为附睾尾。犬没有精囊腺和尿道球腺。

犬的卵巢位于腹腔内肾的后方，左右各一，呈扁平卵圆形，到发情期可产卵子，经输卵管排入子宫。子宫属于双角子宫型，子宫体很短，子宫角细长。雌犬有 4 ～ 5 对乳腺。

6. 其他

犬具有发达的血液循环和神经系统，内脏与人相似，比例也近似，胸廓大，心脏较大，肠道短，尤其是小肠，肝较大，胰腺小，分两支，胰岛小，数量多，皮肤汗腺极不发达，趾垫有少许汗腺。

（三）生理学特点

1. 神经系统

犬的神经系统发达，大脑特别发达，与人有许多相似之处。犬有不同的神经类型，一般分成活泼型、安静型、不可抑制型、衰弱型。神经类型不同，导致性格不同，实验用途也不一样。

2. 感官特性

犬的嗅脑、嗅觉器官和嗅神经极为发达，所以犬的嗅觉特别灵敏，能够嗅出稀释千万分之一的有机酸，尤其是对动物性脂肪酸更为敏感。犬的听觉很敏锐，大约为人的16 倍。犬不仅可分辨极细小的声音，而且对声源进行判断，能根据音调、音节变化建立条件反射。犬视觉不发达，每只眼睛有单独视野，视角仅 25° 以下，并且无立体感。犬对固定目标，50m 以内可看清，但对运动目标，则可感觉到 825m 的距离。犬的视网膜上没有黄斑，即没有最清楚的视点，因而视力较差。犬是红绿色盲，所以不能以红、绿色作为条件刺激物来进行条件反射试验。

3. 生殖生理

犬属于春秋季单发情动物，性成熟为 280 ～ 400 天，性周期为 126 ～ 240 天，发情期为 13 ～ 19 天，妊娠期为 58 ～ 63 天，哺乳期为 60 天，胎产子数一般为 1 ～ 8 只，适配年龄，雄犬为 1.5 年，雌犬为 1 ～ 1.5 年。

4. 消化生理

犬的消化过程与人类似，有与人相似的消化过程，但对脂肪酸的耐受力比人强，对蔬菜的消化能力比人差。犬的味觉极差，味觉迟钝，很少咀嚼，吃东西时，不是通过细嚼慢咽来品尝食物的味道，主要靠嗅觉判断食物的好坏和喜恶。因此，在准备犬的食物时，要特别注意气味的调理。

二、犬在医学生物学研究中的应用

犬易于驯养，饲养方便，适应性强，繁殖力高，且体形适中，易于实验操作，因而在众多科学实验中，尤其是生物医学研究中应用广泛。

（一）实验外科学研究

犬被广泛用于实验外科各个方面的研究，如心血管外科、脑外科、断肢再植、器官和组织移植等。临床医学在探索、研究新的手术或麻醉方法时，常选用犬进行动物实验，当有成功的经验和熟练的技巧后再应用于临床。

（二）基础医学实验研究

犬是目前基础医学研究和教学活动中常用的实验动物之一，特别是在生理、病理等实验研究中尤其如此。犬的神经系统和血液循环系统发达，适合进行此方面的研究。失血性休克、弥散性血管内凝血、动脉粥样硬化（特别是脂质在动脉血管壁中的沉积）、急性心肌梗死、心律失常、急性肺动脉高压、肾性高血压、脊髓传导功能、大脑皮层功能定位等许多研究往往选用犬作为实验动物。

（三）慢性实验研究

犬易于调教，通过短期训练可使其较好地配合实验，故非常适合用于进行慢性实验研究。犬的消化系统也很发达，与人有相同的消化过程，所以特别适合用于进行消化系统的慢性试验。

（四）药理学、毒理学及药物代谢研究

犬常用于多种药物在临床使用前的各种药理及毒性研究。

（五）某些疾病研究

犬作为实验动物，常用于某些特殊疾病的研究，如进行先天性白内障、高胆固醇血症、糖原缺乏综合征、遗传性耳聋、血友病 A、先天性心脏病、先天性淋巴水肿、肾炎、青光眼、狂犬病等研究。

此外，犬还常用于行为学、肿瘤学及放射医学等研究领域。

第五节　斑马鱼

斑马鱼，属脊椎动物门，鱼纲，硬骨鱼目，鲤科，鲃属。斑马鱼有漂亮的条纹，群居生活，一直被用于水污染监测和环境毒理学的研究。目前，在印度、印度尼西亚、中国、新加坡、美国等国维持有许多品种的斑马鱼。

斑马鱼对水质要求不严，水质为中性，水温以 25～26℃为宜，其耐热性和耐寒性都很强，可以在 10℃以上的水中很好地生长，很少患病，属低温低氧鱼。斑马鱼对食物不挑剔，各种动物性饲料、干饲料均可。斑马鱼喜在水族箱底部产卵，最喜欢自食其卵，一般可选 6 月龄的亲鱼，在缸底铺一层尼龙网板，或铺些鹅卵石，繁殖时产出后即落入网板下面或散落在小卵石的空隙中。产卵结束时，要立即取出亲鱼，以免食卵。为防止鱼卵孵化时被细菌感染，可在箱中加两滴甲基蓝。幼鱼 2 个月后可辨雌雄，斑马鱼的繁殖周期 7 天左右，5 个月可达性成熟，每年可繁殖 6～8 次。

一、生物学特性

（一）一般特性

斑马鱼因其体侧具有像斑马一样纵向的暗蓝与银色相间的条纹而得名，体小，成鱼体长为 3～4cm。雌雄鉴别较容易，雄性斑马鱼鱼体修长，鳍大，雄鱼的蓝色条纹偏黄，间以柠檬色条纹；雌鱼的蓝色条纹偏蓝而鲜艳，间以银灰色条纹，臀鳍呈淡黄色，身体比雄鱼丰满粗壮，各鳍均比雄鱼短小，怀卵期鱼腹膨大明显。

（二）解剖特点

斑马鱼有比较完整的消化、泌尿系统，泌尿系统的末端是尿生殖孔，也是生殖细胞排出体外的通道，心脏只有一个心房和一个心室，单核巨噬细胞系统无淋巴结，肝、脾、肾中有巨噬细胞积聚。

（三）生理特点

雌鱼成熟后可产几百个卵，卵子体外受精和发育速度很快，孵出的卵 3 个月后可达到性成熟。斑马鱼卵子和受精卵完全透明，有利于研究细胞谱系、跟踪细胞发育。

二、斑马鱼在生物医学中的应用

（一）发育生物学和遗传学的模式动物

斑马鱼由于具有发育前期细胞分裂快、胚体透明、特定的细胞类型易于被识别等特点，成为脊椎动物中最适于做发育生物学和遗传学研究的模式动物。同时，由于斑马鱼诱导产生单倍体后代的可能性较大，因此可以暴露出隐性基因决定的胚胎表现型，也可快速培育成二倍体斑马鱼的同基因品系。

（二）人类疾病模型的研究

斑马鱼在生长发育过程、组织系统结构上与人有很高的相似性，两者在基因和蛋白质的结构和功能上也表现出很高的保守性，因此斑马鱼是研究人类疾病发生机制的优良模式动物，其使用正逐渐拓展到多系统（神经系统、免疫系统、心血管系统、生殖系统等）的发育、功能和疾病（神经退行性疾病、遗传性心血管疾病、糖尿病等）的研究中，并用于小分子化合物新药的高通量筛选。

（三）环境监测

斑马鱼胚胎和幼鱼对有害物质非常敏感，可用于测试化合物对生物体的毒性，能快速、真实、直观地反映水污染状况，也是环境激素监测的实验动物。转基因斑马鱼也是一种灵敏的生物监测系统。目前，美国、新加坡等国分别构建了报告基因受芳烃响应元件、亲电子响应元件、金属响应元件、甾体激素响应元件控制的转基因斑马鱼，这些转基因斑马鱼对水中多环烃、多氯联苯、苯醌、重金属离子、甾体激素或类似物等污染物敏感，利用荧光检测计，通过检测荧光强度来判定污染物的浓度。

第七章　动物实验的设计和实施　▷▷▷▷

生物医学实验可按照研究水平分为整体水平、器官水平、细胞水平、亚细胞水平、分子水平和量子水平等层次，一个完整的课题一般会进行多个层次的研究，相互印证。动物实验研究主要是从整体水平进行的。

动物实验设计是实验成功与否的关键，需要在阅读大量文献后，遵循基本原则，根据其他水平实验结果和实验条件，科学地设置组别，选择动物种属和疾病模型，确定动物数量，进行标准化操作，收集实验检材，测定试验指标，对结果进行统计分析。好的实验设计可以缩短实验周期，节约人力和物力，减少实验动物用量，提高实验结果的真实可靠性。因为主要的实验材料为活体动物，进行动物实验设计时，还要重点考虑实验动物相关因素。

第一节　动物实验的设计

动物实验研究是在整体水平上对实验动物进行生物医学实验研究。动物实验的设计应以实验目的和要求为根本出发点，严格遵循实验动物福利伦理原则，充分运用相关知识和原理，选择适合的统计分析方法，形成以实验动物为研究主体的实验实施计划与方案。动物实验的结果能否达到研究者预想的研究目的，很大程度上取决于动物实验设计是否科学、缜密、完整。

一、动物实验的设计要素

（一）实验动物（受试对象）

根据实验目的、要求及实验动物伦理，选择实验动物种属、品种、品系、年龄、性别、体重等，确定实验动物总数和分组后每组的样本量。为保证实验动物质量，应优先选择标准化实验动物。

（二）实验因素

实验因素就是在实验过程中对实验对象的处理因素，是人为给予的实验条件。不同处理因素将直接影响实验结果，因此处理因素应尽量做到标准化。

对实验因素的设计应科学完整，在信息量能够达到实验目的的前提下，要进行差异控制。应充分考虑实验因素的种类、数量、时间、强度、频率等情况，以确保实验结果的真实可靠，同时有利于结果的统计分析。

（三）实验效应

实验效应是研究因素作用于受试对象的客观反映与结果，通过观察指标来表达。实验效应是反映实验因素作用强弱的标志。

二、动物实验的设计原则

（一）对照性原则

在实验过程中应设立可与实验组进行比较的对照组，以排除非实验因素对实验结果的影响，是保证实验结果真实可信的前提条件。在实验过程中，应注意保证对照组实验动物除处理因素外其他因素与实验组实验动物保持一致，即实验应在"同时同地同条件"下进行。

对照组可分为同体对照和异体对照。同体对照是指针对同一个实验动物在施加处理因素前后形成时间上互为对照的组别，继而进行结果的分析，或者对同一实验动物在施加处理因素的一侧与不施加处理因素的一侧形成位置上左右对照的组别；异体对照是指将全部实验动物分为两组或多组，主要包括以下类型。

1. 空白对照

空白对照是指不加任何处理的空白条件下观察自发变化规律的对照，反映实验动物在实验过程中的自身变化，如兔的白细胞计数每天上、下午有周期性生物钟变化，大鼠的血压每天上、下午呈规律性变化等。空白对照的作用是排除非处理因素产生的偏差。如有些动物本身有自发性疾病或在老年时发生进行性的老年性疾病，尤其在做长期毒性试验时，必须设立空白对照，以辨别是药毒或不良反应引起的疾病，还是动物自身的一些自发性疾病。

2. 阴性对照

阴性对照是不发生已知的实验结果，主要验证实验方法学的特异性，防止假阳性结果的产生。阴性对照要排除非处理因素的影响，如在药物疗效实验和毒性研究中，常用不具有药效和毒性的生理盐水或溶剂（溶媒）作为阴性对照。

3. 阳性对照

阳性对照是指已知能达到预期阳性试验结果的处理因素的对照，主要验证实验的方法是否可靠。阳性对照组有两个作用，一是检验试验体系是否正确，如果阳性对照没出现阳性结果，就应该检查试验体系的哪个环节出现了问题。受试药物即使显示效应，但在本次实验中阳性对照物无法检测到此作用，结果也应视为无效。二是阳性对照可作为参照物，估计受试药与阳性对照药的作用强度与特点有哪些差异，实验组的阳性结果是高于还是低于阳性对照。

4. 假手术对照

有时为了构建动物疾病模型，需要进行手术操作。这时需设立假手术对照组，如制备冠脉结扎心肌缺血动物模型，假手术对照的动物除了在心肌上穿线但不结扎冠脉外，所有手术过程与制备模型动物一样，以排除手术操作因素对动物实验结果的影响。

5. 剂量对照

在药理学和毒理学试验中，实验组还会进一步分为多个剂量（通常为 3 个剂量），以此观察不同剂量的量效关系。

（二）随机化原则

实验动物之间是存在个体差异的，这些差异可能造成实验结果存在误差。为最大限度降低这些误差因素的干扰，实验设计应遵循随机性原则，即按照给予均等的原则来进行动物分组和施加实验处理因素。随机化能充分保证实验不受实验人员的主观因素或其他偏差性因素的影响。

随机分组的方法主要包括随机数字法（参照随机数字表或计算机产生随机数字等）、编号卡片抽签法等。

（三）重复性原则

重复性原则是指实验中的不同组别应设置多个样本例数，使用足够的样本数来观察处理因素的效应能否在同一个体或不同个体中稳定地重复出来。重复的主要作用是降低实验误差，提高实验结果的真实性和可靠性。

样本量的选择应遵循统计显著性检验要求。样本量越大，越能够真实反映实验结果。但考虑实验过程中经费、人力等实际情况不能无限扩大样本量，运用统计学方法可以确定获得理想统计效率的最小样本量。不同组样本数可以相等或不等，样本数相等时，统计检验效率最高。

（四）一致性原则

一致性是指在实验过程中，实验组和对照组的非处理因素应保证均衡一致。一致性是处理因素具有可比性的基础。在实验设计阶段，研究者应充分考虑如何保持非处理因素各环节的一致性。非处理因素主要包括实验对象、实验条件、实验环境、实验操作人员、仪器设备、药品试剂等各因素。实验者应在整个实验过程中最大限度地把控非处理因素的一致性，减少干扰因素的影响。

（五）客观性原则

客观性原则是指在实验过程中应尽可能避免主观因素的干扰，确定观察指标时应尽量选择客观性指标。对主观性指标的判断要做到专业、诚实和科学。对结果分析判断要以客观数据为依据，用科学的方法进行筛选处理，不能以主观意愿对实验结果任意改动和取舍。

三、实验动物选择的基本原则

对于生物医学研究涉及动物实验的内容，首先要解决的问题就是如何选择合适的实验动物。选择实验动物的出发点首先是研究目的和实验要求。不同实验动物的生理学特性不同，要注意实验动物的生理状态、解剖结构、品种、品系、规格和性别等因素对实验结果的影响。选择实验动物的一般程序是首先确定动物种属、品种、品系，其次考虑性别、规格、生理状态和微生物学等级等具体要求。选择实验动物应遵循以下原则。

（一）相似性原则

绝大多数生物学与医学研究的最终目的是要为人类服务。因此在可能的情况下，应尽量选择在整体上的功能、代谢、结构及疾病性质与人类相似的实验动物。一般来说，实验动物越高等，进化程度越高，越接近人类，其对考察因素的反应就越接近人类。但要注意的是，高等动物不一定所有的器官和功能，以及对影响因素的反应都接近于人类。如对非人灵长类动物诱发动脉粥样硬化时，病变部位经常在小动脉，即使出现在大动脉，也与人的分布不同。

有些动物虽然在整体的进化程度上不及灵长类动物，但某些系统、器官的结构和功能与人类相似，在进行某方面研究时可以选用。如猪的皮肤组织学结构与人类相似，上皮再生性、皮下脂层、烧伤后其内分泌与代谢也与人类相似，做烧伤研究比较理想。此外，猪的心血管系统与人也较为相似，可自发或用高脂饲料加速诱发动脉粥样硬化，其心脏侧支循环和传导系统血液供应与人类相似，其心脏瓣膜还可以直接作为修补人的心脏瓣膜缺陷之用，因此猪也常用于心血管疾病的相关研究。

以群体为对象的研究课题，要选择群体基因型、表现型分布与人类相似的实验动物。如做药物筛选和毒性试验时，通常选用封闭群动物，因为封闭群动物既保持了群体基因率的稳定性，还保持了个体基因的杂合状态，能较好地模拟反映人类群体作为基因杂合状态对药物潜在的多样性反应。近交系动物由于其基因高度纯合，表型一致，因而对实验刺激也一致。对于同一种实验刺激，不同近交系由于其遗传组成不同，对实验刺激的敏感性也不同，有的品系高，有的品系低，因而一般药物筛选和毒性试验不选用近交系动物。

（二）可靠性原则

应根据课题研究的目的、内容、水平，选用合格的实验动物，即动物遗传背景明确、饲养环境和体内微生物可控，并且整个实验过程在标准的环境中进行，才能最大限度降低动物自身及环境条件变化对实验结果造成的干扰，减少实验误差。

选用的动物模型应可特异、可靠地反映某种疾病或某种机能、代谢、结构变化，具备该种疾病的主要症状和体征，并经病理学、影像学等检查手段证实。若易自发地出现某些相应病变的动物，就不应加以选用，易产生与复制疾病相混淆的疾病者也不宜选用。如铅中毒模型宜选用蒙古沙土鼠而慎用大鼠，因为大鼠本身容易患动物地方性肺炎和进行性肾病，容易与铅中毒所致的肾病相混淆，不易确定该肾病是由铅中毒所致还是由它本身的疾病所致，用蒙古沙土鼠就比较容易确定，因为一般只有铅中毒才会使它出现相应的肾病变。

（三）重复性原则

理想的动物模型应该是可重复的，甚至是可以标准化的。以一次定量放血法为例，该方法能够以 100% 的概率引发出血性休克，并且导致 100% 的致死率。这种一致且稳定的结果充分体现了实验的可重复性，完全符合标准化的要求。又如，用犬做心肌梗死模型本应很合适，因为犬的冠状动脉循环与人相似，而且在实验动物中，犬最适宜做暴露心脏的剖胸手术，但犬结扎冠状动脉的后果差异太大，不同犬的同一动脉同一部位的结扎，其后果很不一致，无法预测。而大小鼠、地鼠和豚鼠结扎冠脉的后果就比较稳定一致，因而可以标准化。

此外，为了增强动物模型复制时的重复性，还须在实验动物质量、实验及环境条件、实验方法步骤、受试物的性质和给药途径、动物福利保障措施、仪器设备、实验者操作技术熟练程度等方面保持一致性。

（四）适用性和可控性原则

供医学实验研究用的动物模型，在复制时，应尽量考虑临床应用的相关性。如雌激素能终止大鼠和小鼠的早期妊娠，但不能终止人的妊娠，因此，选用雌激素复制大鼠和小鼠终止早期妊娠的模型是不适用的，因为在大鼠和小鼠筛选带有雌激素活性的药物时，常常会发现这些药物能终止妊娠，似乎可能是有效的避孕药，但用于人类则不成功。所以，如果用具有雌激素活性的化合物在大鼠或小鼠身上并观察其终止妊娠的作用是没有意义的。又如，大小鼠不适用于构建实验性腹膜炎模型，因为它们对革兰阴性细菌具有较高的抵抗力，不容易造成腹膜炎；相反，有的动物对某致病因子特别敏感，极易死亡，也不适用。如狗腹腔注射粪便滤液引起腹膜炎很快死亡，来不及做实验治疗观察，而且粪便剂量及细菌菌株不好控制，不能准确重复实验结果。

（五）特殊性原则

特殊性原则是指利用不同种系实验动物机体存在的特殊构造或某些特殊反应选择解剖、生理特点符合实验目的和要求的动物。恰当地使用具有某些解剖、生理特点的实验动物，能大大地减少实验准备方面的麻烦，降低操作难度。如沙鼠缺乏完整的基底动脉环，左右大脑供血相对独立，只用结扎一侧颈动脉即可制备脑梗死、脑缺血模型，是研究中风的理想实验动物。

（六）相容或匹配原则

所谓"相容"或"匹配"，是指所用动物的标准化品质应与实验设计、技术条件、实验方法等条件相适应。在设计实验时，不但需要了解实验仪器精度和灵敏性，了解试剂的品质、性能，以及试剂和仪器之间的匹配性，还需要了解动物或动物模型对实验手段的反应能力。避免用高精仪器、试剂和低反应性动物相匹配，或用低性能测试手段与高反应性动物相匹配。

（七）经济性原则

考虑实验经费的限制，在不影响实验结果的前提下尽量选择成本低、易于获得、易于操作和饲养经济的实验动物。

四、动物实验设计的方法和步骤

（一）选择研究项目、提出实验假说

首先要根据课题研究的主题内容，查阅国内外文献资料获得项目研究焦点问题的背景、使用的实验方法、选择的模型等情况，以及实验观察的内容和检测的手段、方法等相关信息，以排除不必要的重复研究。在此基础上，对查阅获得的所有相关研究信息进行分析、归类，结合国内外研究进展及有关理论知识，根据实验动物福利、实验条件和经费等方面的可行性情况提出实验的初步设想，即实验的假说。

（二）制订实验方案

1. 确定研究对象

根据研究内容和目的选择最佳实验动物，包括实验动物的种属、品种品系、性别、年龄、体重等的确定。如果要做药效实验或疾病研究，则要在充分查阅文献的基础上，根据自己的研究目标，以及自身的实践经验和知识积累，选择合适的动物疾病模型。

2. 确定观察内容和检测指标

在动物实验设计中，实验指标的选定非常重要。检测指标可以包括一般观察、生理生化指标、病理学指标、分子生物学指标等，研究中要选择能反映研究主题特征的或与所研究疾病有针对性的指标进行观察。可参考临床相关疾病的诊断指南，但要注意人类和实验动物间的差异。

试验期间活体观察指标包括一般观察、无创伤性测定指标和创伤性测定指标。一般观察包括动物的精神、行为、营养、被毛、摄食情况、大小便，以及口、鼻、耳、会阴部的分泌物等，一般无须惊扰动物；无创伤性测定指标包括心电图、血压、呼吸、自主活动等测试，有的需要无线遥控设备；创伤性测定指标包括手术、取血、取材等，对动物长期观察会产生影响。实验设计时，要考虑研究团队有无技术基础和实验条件，以及评估创伤性试验对动物试验的影响。

3. 确定实验方法学

根据研究的内容和目标确定实验方法，首先确定实验处理因素如药物、手术等，给药方法包括给药方式、途径、时间、强度、剂量、次数与频率的确定。若是手术处理，要确定手术方法、手术时间、操作要求等，包括麻醉方法的确定。若做药效试验或疾病

研究，要确定造模的方法包括造模因素、手段、时间与操作步骤。

4. 确定实验组数

动物实验可分为实验组和对照组，实验组又可分为高剂量组、中剂量组、低剂量组或不同处理组。对照组要根据研究内容和目标确定，常用的有空白对照组、阴性对照组、模型对照组、阳性对照组、假手术组等。组别设置得越科学、缜密，实验结果分析依据就越充分。

5. 动物实验分组设计

实验设计方法包括完全随机设计、配对设计、随机区组设计、析因设计、拉丁方设计、交叉设计、重复测量设计等。进行数据处理时，每种设计方法必须采取相应的统计分析方法。

6. 确定每组样本量

每组的样本量反映了同一处理的重复个数。样本量过小，抽样误差大，不易发现实际存在的差异，得不出具有统计学意义的结论。样本量过大，不符合动物福利的原则，浪费人力、物力和财力。一般情况下，啮齿类大小鼠实验分组为每组 10 ～ 20 只。如果进行长期实验，在试验中间需要处死部分动物进行观察，每组可适当增加至 20 ～ 40 只。大动物如兔、犬和猪的实验一般为每组 6 ～ 10 只。通常雌雄各半即可满足统计学分析的要求，但也有部分实验需要用单一性别动物。一般来说，各组样本量相等时，统计效率最高。在实际实验中，因一批动物中个别不均一性而剔出、实验人员操作技术不熟练或技术复杂、高剂量组因毒性的不确定等而在实验中致动物死亡等的情况屡有发生，因而实际使用的动物数量应比理论计算的样本量要适当增加。

7. 确定实验周期

一个动物实验周期要持续多长时间，取决于实验目的和是否能从动物实验中得到所需要的结果。实验周期的确定与使用的模型类型或造模时间，以及给药和指标观察的时间有关。给药治疗的时间要参考临床对该疾病的疗程，在实验设计中需参照文献报道或根据相关实验室的经验，或通过预实验进行摸索。

（三）药物剂量的设计和换算

当需要考察药物的效果时，实验结果的好坏与剂量的设计有很大关系。剂量过小可能在动物实验中显示不出药效，剂量过大可能对动物产生明显毒性，甚至导致动物死亡。因此，药物剂量范围的设置对实验的成功与否至关重要。

如果研究的是一种新药，在没有临床资料和动物试验资料参考的情况下，只能通过设置多个剂量进行预实验摸索，找到毒性和有效性的量效关系。很多中药在长期实践中已经制定了临床用药剂量，当进行动物实验时，需要将人的用药剂量转化为动物的用药剂量。研究表明，药物的等效剂量并不与动物的体重成正比，而是与单位体重体表面积成正比，因此小动物的等效剂量往往是人的数倍。标准体重动物间和动物与人间的等效剂量换算见表 7-1。

表 7-1　标准体重动物间和动物与人间按体表面积折算的等效剂量换算系数表（mg/kg）

种属	小鼠 b（0.02kg）	大鼠 b（0.15kg）	豚鼠 b（0.40kg）	兔 b（1.80kg）	犬 b（10.00kg）	猕猴 b（3.00kg）	人 b（60.00kg）
小鼠 a（0.02kg）	1.00	0.50	0.375	0.25	0.15	0.25	0.081
大鼠 a（0.15kg）	2.00	1.00	0.75	0.50	0.30	0.50	0.162
豚鼠 a（0.40kg）	2.67	1.33	1.00	0.667	0.40	0.667	0.216
兔 a（1.80kg）	4.00	2.00	1.50	1.00	0.60	1.00	0.324
犬 a（10.00kg）	6.67	3.33	2.50	1.67	1.00	1.67	0.541
猕猴 a（3.00kg）	4.00	2.00	1.50	1.00	0.60	1.00	0.324
人 a（60.00kg）	12.33	6.17	4.63	3.08	1.85	3.08	1.00

已知，a 种动物每千克体重用药量，欲估算 b 种动物每千克体重用药剂量时，可先查表 7-1，找出换算系数，再按下式计算。

b 种动物的等效剂量（mg/kg）=a 种动物的剂量（mg/kg）× 换算系数

例如，已知某药对小鼠的最大耐受量为 20mg/kg（20g 小鼠用 0.4mg），需折算为兔用量。查 a 种动物为小鼠，b 种动物为兔，交叉点为换算系数为 0.25，故兔用药量为 20mg/kg×0.25=5mg/kg。

以上换算是在各种动物标准体重情况下进行的。如果动物 a 和动物 b 中一种或两种都不是标准体重，就需要根据表 7-2 折算成与标准体重的比率（$B=W/W_{标}$），再乘以校正系数。

非标准动物的换算。

（1）非标准动物换算成标准动物：给药剂量 × 校正系数 S_a× 换算系数。

（2）标准动物换算成非标准动物：给药剂量 × 校正系数 S_b× 换算系数。

（3）非标准动物换算成非标准动物：给药剂量 × 校正系数 S_a× 校正系数 S_b× 换算系数。

表 7-2　非标准体重动物的校正系数

$B=W/W_{标}$	校正系数 S_a	校正系数 S_b	$B=W/W_{标}$	校正系数 S_a	校正系数 S_b
0.3	0.669	1.494	1.5	1.145	0.874
0.4	0.737	1.357	1.6	1.170	0.855

$B=W/W_{标}$	校正系数 S_a	校正系数 S_b	$B=W/W_{标}$	校正系数 S_a	校正系数 S_b
0.5	0.794	1.260	1.7	1.193	0.838
0.6	0.843	1.186	1.8	1.216	0.822
0.7	0.888	1.126	1.9	1.239	0.807
0.8	0.928	1.077	2.0	1.260	0.794
0.9	0.965	1.036	2.2	1.301	0.769
1.0	1.000	1.000	2.4	1.339	0.747
1.1	1.032	0.969	2.6	1.375	0.727
1.2	1.063	0.941	2.8	1.409	0.709
1.3	1.091	0.916	3.0	1.442	0.693
1.4	1.119	0.894	3.2	1.474	0.679

例如，已知某药长期毒性实验 350g 大鼠剂量为 10mg/kg，需折算为 8kg 犬用量。查表 7-2，大鼠 $B=W/W_{标}$=350g/150g=2.3，对应校正系数 S_a=1.301；犬 $B=W/W_{标}$=8kg/10kg=0.8，对应校正系数 S_b=1.077。再查表 7-1，a 种动物为大鼠，b 种动物为犬，交叉点为换算系数 W=0.30，故 8kg 犬用药量为 10mg/kg×1.301×1.077×0.25=3.50mg/kg。

应当注意的是，虽然按照上述方法计算出的给药剂量有一定的参考意义，但由于不同种属动物对同一种药物的敏感性存在差异，实际应用中可能出现剂量过高或过低的现象，须根据实际情况调整。一般来说，整体实验会设置 2～3 个剂量组来反映药效关系，其中低剂量组必须高于设计的临床用药剂量，应相当于主要药效学的有效剂量，高剂量以不产生严重毒性反应为限。

在确定好给药剂量后，要根据实验动物种类和选用给药途径所允许的最大给药容量，进行药液的配制。例如，已知某药采取腹腔注射途径给药，大鼠给药剂量为 10mg/kg，大鼠最大给药容量为 2mL/100g 体重，如按照常用给药容量 1mL/100g（即 10mL/kg）体重计算，则药液配制浓度为 10mg/10mL=1mg/mL。

第二节　动物实验的实施

一、动物实验的前期准备

动物实验前需要进行一系列准备工作，包括实验人员资格准备和实验条件准备等。

（一）人员资格准备

开展动物实验的人员必须通过相关培训，才能承担动物实验。实验人员要了解和掌握有关实验动物科学方面的基础理论和知识，特别是要熟悉实验动物的生物学特性和在生物医学上的应用，掌握动物实验研究过程中的各种实验技术、实验方法及技术标准。

（二）实验条件准备

动物实验前的条件准备主要包括实验仪器、药品、试剂和实验动物等内容。实验条件的准备要求是尽可能使实验手段和实验方法标准化。实验仪器必须校准，人员必须事先熟悉仪器的使用方法。同时注意确认某些学科不太常用的仪器设备是否存在，是否会影响实验指标的检测。确认测定动物生理、生化、生物电和器官功能指标的各种分析仪器和描记仪，如半导体测温计、动物血压表、多导生理记录仪等设备是否齐全。药品的纯度应有明确要求，试剂的配制必须严格遵守操作规程，尤其是麻醉剂的使用。器械准备、实验场所消毒和器具配套等也要落实。确认特殊器械是否准备，如显微外科或眼科手术器械。

现在很多院校和科研机构都设有专门的动物实验中心进行动物实验的管理，为动物实验公共服务平台。这些平台必须具有《实验动物使用许可证》，并有相应的各种规章制度和专业人员进行规范化管理。申请进入平台开展动物实验的人员，须接受有关实验动物学知识和政策法规，以及利用动物实验设施进行动物实验的培训，考核通过后持证上岗。实验开始前须进行咨询和预约登记，如实申报动物实验的名称、课题来源、动物实验的起止日期，以及所用动物的品种品系、等级、数量、年龄、性别等，并说明供试品及试剂是否有毒、有害，有无感染性或放射性，以及实验的特殊条件和要求。实验方案通过伦理委员会审查后，与实验动物室工作人员进行沟通，落实动物到达时间，安排饲养和实验场所。对于有毒、有害、有感染性或放射性研究的动物实验，应在相应的动物实验设施设备内进行，并执行有关的规章制度。

二、预实验的实施

预实验是实验者在正式实验前对实验方法和条件，以及实验对象进行磨合统一的过程，是正式实验前的模拟或者演习。其目的在于检查各项准备工作是否完善，人员是否齐全，实验方法和步骤是否切实可行，实验操作是否熟练，仪器设备是否运行正常，测试指标是否稳定可靠，剂量是否设计合理等，了解实验结果与预期结果的距离，从而为正式实验提供补充、修正的意见和经验，是动物实验必不可少的重要环节。预实验可有效地避免匆忙进入正式试验后才发现很多实验细节准备不充分，以致影响实验进展的现象。因此，预实验不仅不会造成浪费，而且会有事半功倍的效果。预实验可使用少量动物进行，实验方法和观测指标应与正式实验一致。但是预实验的实验数据不能归入正式实验的结果中一同被统计。预实验也同样需要获得本单位伦理委员会的同意。

三、正式实验的实施

正式实验须准备详尽的实验操作手册，内容包括实验方案、实验步骤、实验技术、给药途径和方法、麻醉方法和深度、复苏和抢救措施、样本采集和安乐死方式、解剖取材步骤和方法等，并制订日程表。所有实验操作人员应熟知相关内容，严格按照实验方案规范操作，并如实在实验记录本上记录实验数据。

四、实验数据的收集和整理

动物实验数据是指在动物实验过程中对动物采取某种（或多种）处理的观察记录或运用物理、化学的方法检测而获取的原始资料或数据。通过对实验数据的记录、储存、分类和整理，可使研究资料系统化，便于后期对实验数据进行统计处理。实验数据的收集和整理是实验结果分析和评判的基础，也是动物实验最重要的工作内容之一。

（一）实验数据的记录与储存

1. 实验数据的记录

在收集数据前，应根据实验设计的类型和要求，绘制记录实验数据的表格，以便以后的认识、归类、处理和分析。实验数据记录过程与实验设计要求一致，不能缺项、漏项，字迹工整、清晰，记录数据应有较高精确度和准确度。对于仪器设备自动打印的原始数据，应标注日期、课题名称、实验名称和实验者，及时粘贴到实验记录本上以免丢失。

2. 实验数据的储存

实验数据的储存就是将载有记录数据的介质保存起来。一般记录的介质有实验专用记录本（卡）、计算机的硬盘、光盘等。不论采用何种介质，应便于数据的再利用、汇报交流、查询及补充、修改和链接，同时还应做好必要的数据备份。

（二）实验数据的检查与核对

对原始实验数据进行检查与核对，是统计处理中一项必不可少的重要工作。只有在统计分析前进行检查与核对，才能提高数据的完整性和准确性，从而真实、可靠地反映实验的客观情况。

（三）数据缺项与差错的处理

由于种种原因往往会造成实验数据的缺项和一些差错。对于不合理的实验数据和资料应以补充、修正和合理剔除。如研究动物生长发育时缺少统计分析必不可少的初始体重，则数据必须剔除。有时为了避免剔除数据过多，对有些非关键性的项目缺失可不剔除，在做单项分析时仅做减少样本数处理。对于数据中出现明显差错的，尤其是人为造成的差错予以纠正，无法纠正的则只能剔除，而对于不是人为造成的差错或可疑值也可运用统计学技术决定取舍。例如，当样本数大于10且呈正态分布时，对于在平均数（X）±3倍的标准差（SD）范围以外的数值应积极查找原因。

（四）实验数据的分类与整理

对实验数据检查和核对的工作完成后，需将杂乱无章的数据条理化，以便进行数据整理和统计分析。整理数据时，应先区别原始数据是数量性状资料还是质量性状资料。对不同类型的数据，采用不同的整理方法。

1. 数量性状资料包括连续性资料（计量资料）和不连续性或间断性资料（计数资料）。

（1）计量资料　指通过直接计量而获得的以数量为特征的资料，系用度量衡等计量工具直接测定的，如体重、血压、肺活量、脏器重量等。

（2）计数资料　指用计数方式而获得的资料。这类资料每个变量或变数必须以整数表示，在两个相邻的整数间不允许有带小数的数值存在，如产崽数、成活数、雌雄数等。

2. 质量性状资料是指一些能观察到而不能直接测量的性状资料，又称属性性状资料，如毛色、性别、生死等。对于质量性状资料的分析，必须将质量性状数量化，其方法如下。

（1）统计次数法　根据动物的某一质量性状的类别统计其次数，以次数作为质量性状的数据。在分组统计时，可按质量性状的类别进行分组，再统计各组出现的次数。

（2）评分法　对某一质量性状，因类别不同，分别给予评分或用数字划分等级，如动物对某一病原的感染程度，可分为 0（免疫）、1（一过性感染）、2（顿挫性感染）、3（致死性感染）；病理组织坏死情况可分为无（−）、25% 以下坏死（+）、25% ~ 50% 坏死（++）、50% ~ 75% 坏死（+++）、75% 以上坏死（++++）。这样就可将质量性状资料量化，以利于进一步统计处理与分析。

（五）实验数据的统计学处理

与物理、化学试验可精细定量分析不同，动物是一个非常复杂的生命体，生命现象的特点是具有变异性（个体之间存在差异）、随机性（变异不能准确推算）和复杂性（影响因素众多，有些是未知的），如一组动物接受同一处理方法后得到的数据各不相同，但大多以平均数为中心做正态分布。用常规的数学方法不能进行分析，只能依靠生物统计学方法用概率进行分析。

生物统计学处理数据的方法很多，最常用的统计学方法：各组间计量资料的比较用方差分析法（F 检验）；各组间计数资料的比较用卡方检验（χ^2 检验），通过概率计算得出各组间差异是否具有显著性意义。一般认为两组数据之间差异，概率 $P \leqslant 0.05$ 具有显著性意义，$P \leqslant 0.01$ 具有极显著性意义，表明两组数据之间的差异不是抽样误差，而是由处理因素作用导致的。

（六）分析动物实验结果应注意的问题

1. 客观评价动物实验研究结果

动物实验是在活体动物上进行，存在着动物个体的差异和周围环境等各种因素的影响，因此动物实验得到的原始数据一般不像化学分析那样整齐、精确，需要将实验所获得的原始数据进行归纳、整理、统计分析，得出实验结论，并根据前人的报道进行比较，从中找出实验结论中的规律和创新点。当实践中出现实验结果和结论与现有理论或文献报道不一致，甚至相反时，需要研究者冷静思考，仔细回顾实验过程的每个细节是否有失误的地方，并在重复实验时加以纠正。如果重复实验结果还是一样，就必须做出合理的解释。不要轻易否定自己在严密的实验设计和严谨认真的实验操作下做出的实验结果和结论，在分析排除各种干扰因素后，重复实验，也许会有新的研究发现。

2. 动物实验结果的外推

实验动物与人在结构、生理功能、生化过程、新陈代谢及进化上有着不同程度的相似性，因而可以用实验动物作为人的替代进行研究。但实验动物与人在这些方面的差异，即使是细微的差异，在对实验的刺激、药物的敏感性等方面也可能会出现不同的反应。这些差异可能导致研究结果在人体并不一定可以重复，有的结果甚至是相反的。此外，在制作人类疾病动物模型时，导致动物疾病的造模因素和临床造成人类相关疾病的病因也不完全一致。在这种不确定性的情况下，将动物实验结果的数据外推到其他物种（包括人类）上也是不适合的。

基于以上原因，在肯定一个实验结果时，最好采用两种以上动物进行比较观察。一般所选的实验动物中一种为啮齿类动物，另一种为非啮齿类动物。啮齿类动物常选用小鼠或大鼠，非啮齿类动物常选用犬或猴。如果一种实验处理在多种动物身上产生共性作用，往往人体产生同种反应的可能性更大。

随着生物科学的发展，实验动物的使用量逐年增加，使用种类也逐年扩大。虽然现代医疗技术的发展与动物实验密切相关，但不能对动物实验产生盲目的迷信和依赖。事实上，动物实验有许多局限性，生命科学的发展也并非一定要通过动物实验。应理性地看待动物实验，同时结合多种生物医学技术和方法，从多角度、多方位进行研究。

第三节　动物实验常用技术和方法

一、实验动物的抓取与保定

保定是于短暂时间内，运用适当的方法，在不危及动物的安全下控制动物，使实验人员得以接近动物，进行必要操作的专门技术，是后续操作顺利与否的关键因素。保定可徒手或使用专门的保定器械。徒手保定适用于日常饲育和无特定要求的操作，保定时间较短；若要进行长时间的特殊体位保定，可采用专门的器械。保定时要采用合适的方法防范动物攻击，避免对被捉动物、周边动物及实验人员造成伤害。

（一）大鼠和小鼠

1. 小鼠的捉拿保定

打开鼠笼，用非保定手捏住鼠尾中段提起，放在粗糙的平面或鼠笼盖上。轻轻向后拉鼠尾，当小鼠向前爬行，身体相对固定时，见彩插图 7-1（A），用保定手拇指及食指轻压小鼠颈部，顺势捏住小鼠两耳和颈背部皮肤。翻转捉小鼠的手掌，捏住鼠尾摆正小鼠体位，将其置于掌心中，无名指或小指压住尾巴根部，使小鼠身体展成一条直线，见彩插图 7–1（B）。操作熟练后可单手操作，即用拇指与食指捏住鼠尾后段，无名指与小指夹住尾根部，见彩插图 7–2（A），拇指与食指松开鼠尾，顺势向前捏住小鼠两耳和颈背部皮肤，将小鼠固定在手中，翻转即可，见彩插图 7–2（B）。

注意捉小鼠尾巴时应捉取其尾巴中部，靠近根部小鼠易反转头部咬伤实验人员，靠近末端力量过大会使小鼠疼痛甚至尾部脱皮；用手提取时要注意力度，过重会使小鼠窒息，过轻小鼠易反转头部咬伤实验人员。如进行心脏采血、解剖、外科手术等实验时，可先对小鼠进行麻醉，使小鼠呈仰卧位，将小鼠四肢固定在实验板上。当尾静脉注射或采血时，可用小鼠固定器固定。

2. 大鼠的捉拿保定

大鼠的捉拿、保定操作基本与小鼠相同。为避免被大鼠咬伤、抓伤，实验人员需佩戴防护手套（帆布或皮质）进行操作。用非保定手轻抓鼠尾中段提起，放在粗糙的平面或鼠笼盖上。轻轻向后拉鼠尾，当大鼠向前爬行，身体相对固定时，见彩插图 7–3(A)，迅速用保定手拇指及食指捏住鼠耳后下方，固定头部，余下三指紧捏住背部皮肤，置于左掌心，调整大鼠在手中的姿势，见彩插图 7–3(B)。另一个方法是张开保定手的虎口，迅速将拇指及食指插入大鼠的腋下，虎口向前，其余三指及掌心握住大鼠身体中段，并将其保持仰卧位，之后调整保定手拇指位置，紧抵在大鼠下颌骨上（但不可过紧，否则会造成窒息）。

捉拿大鼠应注意不能捉提大鼠尾尖，更不能让大鼠悬空时间过长，否则易激怒大鼠或导致大鼠尾部皮肤脱落。这类捉拿方法多用于灌胃，以及肌肉、腹腔和皮下注射等。如若进行心脏采血、解剖、外科手术等实验时，可先对大鼠进行麻醉，使大鼠呈仰卧位，将大鼠四肢固定在实验板上。尾静脉注射或采血时可用大鼠固定器固定。

（二）豚鼠

豚鼠性情温和，不易伤人。豚鼠的捉拿与保定方法与大鼠基本相同。实验人员可先用保定手迅速扣住豚鼠背部，抓住其肩胛上方，用力下压固定，然后用拇指及食指环扣豚鼠颈部，另一只手托住豚鼠臀部。

（三）兔

实验人员一般可用一只手抓住兔颈背部毛皮将兔提起，然后用另一只手托住兔臀部或腹部，使其体重大部分集中在这只手上。注意不能只提兔耳朵、后腿或腹部，以免造成动物损伤。兔的保定一般采用盒式保定和台式保定两种方式。盒式保定方法主要用于兔耳血管注射和采血等实验操作。如做外科手术等可采用台式保定。

（四）比格犬

比格犬性情温和，一般能主动配合实验人员。可双手抱住犬的颈背部与腰部抓取，动作不宜过于粗暴和用力；也可用左手伸入犬的前胸部，右手深入犬的右侧腹下侧，将犬托起，置于实验平台上，左手抚摸犬下颌，右手轻抓犬右侧后腿，并轻抚犬臀部，使其保持坐立姿势；或用左手绕过犬身深入两前肢间隔处，抓住右前肢，右手固定右侧腹下侧，将犬身紧贴实验者，保持站立姿势，便于取血或给药等操作。

二、实验动物的标记

做动物实验时，需要对随机分组的实验动物进行编号标记加以区分。良好的标记方法应满足标号清晰、耐久、简便、适用的要求，且在对动物进行标记的同时，应保证标记不对动物生理或者实验反应产生影响。常用的标记法有染色、写耳号、剪毛、做芯片、剪趾等，根据实验动物种类及实验需要进行选择。

（一）染料标记法

染色标记法为使用化学药品在动物明显体位被毛上进行涂染识别的方法。常用染料：红色染料：5% 中性红或品红液；黄色染料：3% ～ 5% 苦味酸溶液；咖啡色染料：2% 硝酸银溶液；黑色染料：煤焦油的乙醇溶液。根据实验动物被毛颜色的不同，选择不同化学药品。对兔、狗等动物，用毛笔蘸取不同颜色的染料溶液直接在其背部涂写号码。若用硝酸银溶液涂写，则需在日光下暴露 1 分钟。对大鼠、小鼠，通常在其不同部位涂上有色斑点来表示不同的编号，见彩插图 7-4。编号的次序通常采用九分法原则，即先左后右、由前至后，左前肢上代表 1 号，腹部左侧代表 2 号，左后肢上代表 3 号，头顶代表 4 号，腰背部代表 5 号，尾根部代表 6 号，右前肢上代表 7 号，腹部右侧代表 8 号，右后肢上代表 9 号。同一部位一般最多可用两种不同颜色做标记，分别代表个位和十位。

（二）耳号法

耳号法是用专门的耳号钳将带有编号的耳号固定在动物耳朵根部进行识别的方法。此法是小鼠、大鼠及豚鼠等常用的标记方法之一。使用前将耳号和耳号钳进行消毒，将耳号固定在耳号钳上，用拇指和食指按住小鼠颈后部两侧皮肤露出小鼠耳朵，用耳号钳在小鼠耳根部打耳号，见彩插图 7-5。注意耳号标记部位应尽量统一在耳根部，并避开明显的血管。如耳号标记后实验动物出现红肿等不适现象，应立即取下耳号进行耳部消毒。

（三）挂牌编号法

挂牌编号法简便实用，常用于狗、猴等动物的编号。将号码烙压在圆形或方形的铝制或不锈钢制金属牌上，实验前使之固定于动物的颈圈或耳上即可。

三、实验动物的常用给药方法和途径

给药（染毒）的常用途径有经口给药法、注射给药法、经呼吸道吸入法等，可根据临床给药途径和以下依据进行选择。

1. 根据药物的性质选择给药途径

经口给药是常见的给药途径。具有刺激性的药物不适用于皮下、肌肉和腹腔注射，只能经口给药或静脉注射。在消化道内破坏或吸收不好的药物则采用注射途径给药。具有催吐作用的药物不宜经口给药，可采用注射途径（鼠和兔不会呕吐，可经口给药）。

2. 根据实验要求选择给药途径

需要药物作用快速出现，多采用注射途径（腹腔、静脉）。要使药物的作用时间相对延长时，可注射油剂或悬浊液。粉尘、气体、雾状药物或毒物需要通过呼吸道吸入。有些毒物易经皮肤吸收，产生局部作用，则采用皮肤给药方法。

3. 根据剂型选择给药途径

水溶液可以采用任何给药途径。油溶液可以经口给药，如需注射时，一般用肌内注射。要注意给药部位是否完全吸收。另外，根据实验的特殊要求，还有脊髓腔给药、关节腔给药和直肠给药等途径。

（一）经口给药

经口给药有口服和灌胃两种方式。口服法一般将药物掺入饲料或溶于饮水中，由动物自由摄取，但为了保证药物的剂量准确性，常使用灌胃法。经口给药可供选择的动物有大鼠和小鼠、兔、犬等动物。

1. 大鼠和小鼠

大鼠和小鼠灌胃须采用专用灌胃器，其由注射器和灌胃针组成，灌胃针尖端焊有一金属小圆球，金属球中空，用途是防止灌胃针插入时造成损伤。将灌胃针插头紧紧连接在注射器的接口上，吸入所需量的药液。灌胃时一只手抓取和保定鼠，见彩插图 7-6（A），另一只手拿起准备好的注射器，预测进针深度，见彩插图 7-6（B）。将灌胃针针头尖端放入一侧嘴角，顺咽后壁轻轻往下推，灌胃针会顺着食管滑入胃。用中指与拇指捏住针筒，食指按着针栓的头慢慢往下压，即可将注射器中的药液灌入大鼠或小鼠的胃中，见彩插图 7-6（C），灌完后抽出针头，见彩插图 7-6（D）。在插入过程中应很通畅，如遇到阻力或动物强烈挣扎，表示针头未插入胃内，需将灌胃针取出重新插入。

2. 兔

将兔保定好后，实验人员一只手拇指和中指挤压兔两颊，将下颌挤开使兔被动张口，另一只手将开口器从一侧口角插入口腔并固定，将细导管经开口器的孔插入，向前推进约 15cm 可达胃内。导管另一端置于水中，若连续出现气泡，说明插入了气管，应立即拔出导管，重新操作。如无气泡，说明没有插入气管，即可注入药液。

3. 犬

将犬保定好后，将木制开口器从一侧口角放入犬的口腔，用左手或绳子固定，右手持胃管由开口器的小圆孔向咽后壁方向不断插入，插至约 20cm 即可到达胃内。导管另一端置于水中，若连续出现气泡，说明插入了气管，应立即拔出导管，重新操作；如无气泡，说明没有插入气管，即可注入药液。

（二）注射给药

1. 皮下注射

皮下注射适用于对组织无刺激性的药物，否则可引起剧烈疼痛和组织坏死。皮下注射的吸收速率通常均匀而缓慢，因而作用持久。常用的皮下注射部位：大鼠和小鼠为颈背部或下腹部两侧，兔为背部脊柱两侧，豚鼠为后大腿内侧，犬、猫为大腿外侧。各种动物的皮下注射方法基本一致，现以小鼠的皮下注射为例进行介绍。

将注射器套上针头并将针头拧紧，吸入所需量的药液，排出空气。可根据实验需求确定注射部位，常选择颈背部。将小鼠放到平面上，从背部按压固定小鼠。用 75% 乙醇棉球消毒注射部位皮肤，见彩插图 7-7（A），待乙醇自然风干后，提夹起小鼠颈背侧皮肤，形成褶皱三角区。持注射器，将针头刺入颈背部皮肤形成的褶皱三角区，见彩插图 7-7（B）。将针头轻轻左右摆动，易摆动则表示刺入皮下，可进行注射操作。注射完毕抽出注射器，用干棉球轻按针口片刻，防止药液外漏。

2. 皮内注射

皮内注射用于观察皮肤血管通透性变化或皮肤反应。将注射部位的被毛剪去，用针头刺入皮下，然后使针头向上挑起，进入皮内。当药物注入皮内时，可见皮肤表面马上鼓起橘皮样小泡。此小泡如不会很快消失，则确定注射在皮内；如很快消失，就可能注射在皮下，应重换部位注射。

3. 肌内注射

不溶于水的油剂药物常采用肌内注射。肌内注射的部位一般选择动物肌肉丰满而无大血管通过的臀部或大腿外侧。

4. 腹腔注射

腹腔注射多自下腹部两侧进针，这样可避免刺伤肝、脾或膀胱。现以小鼠腹腔注射为例进行介绍。

将注射器套上针头并将针头拧紧，吸入所需量的药液，排出空气。一只手固定小鼠，将动物头部略放低，尾部抬高，绷紧腹部皮肤方便进针，将脏器移向横膈处。用 75% 乙醇消毒棉球消毒下腹部注射部位，见彩插图 7-8（A）。注射部位为下腹部腹中线向左或右 0.5cm 的位置。待乙醇自然风干后，将注射器的针头以 45° 刺入腹腔，避免扎伤腹腔脏器，刺入深度为 0.5～1cm，可回抽确认有无回血、肠内容物、尿液，如无则缓慢注入药液，见彩插图 7-8（B）。注射结束后转动针头拔出针头，用干棉球按压注射部位。

5. 静脉注射

（1）大鼠和小鼠的尾静脉注射　将大鼠或小鼠保定好后，尾巴置于 45～55℃水浴中浸泡 1～2 分钟，使静脉充盈。一只手的中指和拇指将尾拉直，食指托住尾部，消毒后，另一只手持注射器在尾巴下 1/4 处刺入尾静脉。先注入少许药物，观察针头是否确已进入尾静脉，然后即可缓慢注入。注射完毕拔出针头，用干菌棉球压迫止血。

（2）兔耳缘静脉注射　保定好兔后，拔去耳缘部被毛，用 75% 乙醇局部消毒，再用干棉球擦干，一只手拇指和食指压住耳根部，另一只手持注射器，顺着血管平行方向刺入静脉，进针约 1cm，如有血液回流，即可进行注射。注射完毕，拔出针头，用干棉球压迫止血。

（3）犬前肢桡侧皮静脉注射　保定好犬后，将犬的前肢根部用手握紧，或用胶皮管绑住，使静脉充盈。实验人员一只手托住犬前肢，另一只手持注射器刺入前肢中央纵行的皮静脉，进针 1cm 后回抽见血，即可注射。

（三）经呼吸道吸入

1. 滴鼻法

保定好动物，用微量移液管吸取一定量的药液或病原微生物，少量多次直接滴在鼠两侧鼻孔上，使其吸入。一般小鼠可吸入 25 ～ 50μL，大鼠可吸入 50 ～ 100μL，兔可吸入 1.0 ～ 2.0mL。

2. 气管内滴注法

经气管注入毒物的优点是简单易行、染毒剂量较准确、形成重度或病例模型的速度快、用毒量少，但存在与自然吸入毒性作用存在差异、不能发挥上呼吸道的自卫作用、操作易造成损伤等缺点。一般仅限于急性染毒实验，不宜用于慢性染毒，主要包括气管暴露法或经喉插入法。

3. 吸入暴露法

吸入暴露法是将动物整体或鼻腔暴露于给药环境内，常用于药物或毒物（烟雾、气溶胶、粉尘等）的毒理学和药理学研究。染毒方式包括全身暴露吸入染毒和口鼻式暴露吸入染毒。全身暴露吸入染毒是将动物放入染毒瓶、染毒柜或特制动式染毒装置中，而口鼻式暴露吸入染毒只通过动物的鼻部呼吸接触被测物质，可有效防止动物通过皮肤、口腔接触毒物。

四、实验动物的去毛方法

在动物实验中，被毛有时会影响实验操作与观察，因此必须除去。除去被毛的方法有剪毛、拔毛、剃毛和脱毛等。

（一）剪毛法

剪毛法是将动物保定后，用弯头手术剪紧贴动物皮肤依次将所需部位的被毛剪去。可先粗略剪，然后再细剪。为避免被毛到处乱飞，剪毛部位可用少量生理盐水湿润。剪下的被毛应放入容器内。

（二）拔毛法

拔毛法常用于被毛短而稀疏的部位，如兔的耳缘静脉区。将动物保定后，用拇、食指将所需部位被毛拔去。涂上一层凡士林可更清楚地显示血管。

（三）剃毛法

剃毛法常用于大动物的手术前准备。先将剃毛部位用肥皂水充分湿润，再用剃毛刀逆被毛方向剃毛。

（四）脱毛法

脱毛法采用化学脱毛剂将动物被毛脱去。此法常用于大动物的无菌手术，观察局部皮肤血液循环或过敏反应。先将脱毛部位被毛剪短，再用棉球或纱布蘸取脱毛膏在被毛剪短处涂薄层，经 2～3 分钟后，用纱布蘸温水擦净脱毛膏及脱下的被毛。

五、实验动物的血液采集方法

在各种实验研究中，血液是常采集的实验动物体液。静脉血常用于检测血液学和血生化指标，动脉血常用于检测血气状况、血液酸碱平衡、水盐代谢等指标。

采血时，应根据实验目的、所需采血量和血液性质、动物种类及动物福利的要求，选择合适的采血方法。所需采血量应控制在动物的最大安全采血量范围内，不宜一次采血量过多或采血过于频繁，否则会影响动物健康，可能造成贫血，甚至死亡。动物多次重复采血时，采血时间应相对固定。

采血时要注意采血场所有充足的光线，对采血用具和采血部位须进行消毒。若需抗凝血，应在注射器或试管内预先加入抗凝剂。有些项目检查需要空腹或禁食一定时间后采血，如肝功能、血糖、血脂等。

（一）大鼠和小鼠

1. 小鼠摘眼球采血法

麻醉并保定小鼠，剪掉小鼠胡须避免溶血。用一只手食指与拇指捏住小鼠的头部两侧，使眼球暴露突起，见彩插图 7-9(A)，另一只手持弯头镊子在眼球根部把眼球摘去，见彩插图 7-9 （ B ），将鼠头朝下，眼眶内很快流出血来，收集血液至容器管中，见彩插图 7-9 （ C ）。

2. 大鼠和小鼠尾静脉切割采血法

将鼠装入固定器内，露出鼠尾。用 75% 乙醇局部消毒，再用干棉球擦干，用锋利的刀片切断一根尾静脉，血液即由伤口流出。尾部 3 根静脉交替切割，并由尾尖部向尾根部移行，可长期连续多次采血，切割后用干棉球压迫止血。亦可直接用剪子剪去尾尖，尾静脉血即流出几滴，用此法采血量不多，可用于血常规等。

3. 大鼠和小鼠眼眶后静脉丛穿刺采血法

一只手固定动物，用眼科麻醉剂滴入动物眼内，另一只手持消毒过的毛细管吸取抗凝剂，用毛细管向眼睑和眼球之间刺入，刺入时稍稍旋转，达到一定深度，血液就会流出。采血后，用消毒纱布压迫眼球止血。

4. 大鼠和小鼠腋窝动静脉采血法

大鼠或小鼠麻醉后，置于解剖台固定。右前肢腋窝皮肤经消毒后，用镊子将皮肤夹起，剪子将皮肤沿体轴纵向剪开，形成一个大的皮下口袋。在确认腋窝血管走行后，用剪子将血管剪断，血液流入皮下口袋内，用吸管吸取所需血量，移入容器内。此法用于动物实验结束后需安乐死的动物。

5. 大鼠和小鼠心脏采血法

大鼠和小鼠的心脏位于胸腔中剑状软骨下，心尖略偏左，一般从剑突下进针进行心脏采血，大鼠也可从胸腔左侧进针进行心脏采血。小鼠一次可采血 0.5～1mL，大鼠一次可采血 3～10mL。

6. 大鼠和小鼠腹主动脉采血法

将麻醉后大鼠或小鼠仰卧，用手术剪刀沿腹正中线剪开腹膜层和肌膜层至胸骨剑突处，用镊子将腹腔脏器向左或向右翻转一侧，使腹主动脉暴露完全。用眼科镊轻轻剥离腹主动脉旁筋膜组织，持采血针朝向心端方向刺入，见彩插图 7-10（A），采血针见回血后快速将采血针另一端插入真空管中，见彩插图 7-10（B）。注意区分动脉和静脉，动脉为粉红色，静脉为暗红色，见彩插图 7-10（C）；采血针进血管后尽量不要抖动，如针尖斜面与血管内壁贴合会造成取血不畅，可适当调整针头角度。

（二）兔

1. 兔耳缘静脉采血法

兔耳缘静脉采血法可用针头刺破耳缘静脉，血液即从伤口流出，采血后用干棉球压迫止血。

2. 兔耳中央动脉采血法

兔耳中央动脉采血法是将兔置于固定器内固定好，一只手固定兔耳，另一只手持注射器，在耳中央的中央动脉末端，沿动脉平行向近心端刺入动脉，可见动脉血进入注射器。采血后注意止血。一次采血量约为 15mL。

3. 兔心脏采血法

兔由于体型较大，心脏采血较大鼠、豚鼠容易。心脏采血法基本同前所述。一次采量为全血量的 1/6～1/5，经一星期后，可重复进行。如需采血致死，可采 50～100mL。

4. 兔颈总动脉、股动脉采血法

兔颈总动脉、股动脉采血法常用于动物急性放血。兔麻醉后分离 3～4cm 的颈总动脉，近心端暂时用动脉夹夹闭，远心端用丝线结扎，结扎处以下将血管切出一个小口，从切口向近心端插入导管并用丝线固定，松开动脉夹，放出血液至容器中。

（三）犬

犬的常用采血方法基本同犬前肢桡侧皮静脉注射法，采血量为 2～10mL。

六、实验动物的安乐死

安乐死是指以科学人道的理念和方式，使动物生理和心理痛苦最小化而采取的动物意识迅速丧失的处死过程。其含义是使动物在没有惊恐和痛苦的状态下安静地、无痛苦地死亡。应结合动物种类、年龄、体型、体重、数量、生理状态、温驯度等，根据实验动物医师的意见，以人道的方式，选择合适的方法。安乐死的方法主要包括吸入性药物致死、注射药物致死和物理方式致死等。

（一）安乐死术须符合的标准

1. 可使动物无疼痛、无恐惧、无焦虑和无不安地失去知觉和意识，直至死亡。

2. 可缩短动物从失去知觉和意识到死亡的时间。

3. 药物及方法经过验证，科学可靠。

4. 操作过程不影响操作人员情绪、健康和安全。

5. 安乐死过程不可逆转。

6. 适合不同种类、年龄与健康状况的动物。

7. 适合不同实验需求和目的。

8. 所用设备方便易得，便于维护。

9. 不影响环境卫生。

10. 所有安乐死方法实施后须确认动物是否死亡，必要时要配合使用第二种安乐死方法予以确认。

（二）安乐死的方法

安乐死的方法主要包括吸入性药物致死、注射药物致死和物理方式致死等。常用实验动物的安乐死方法见表 7-3。安乐死药物推荐剂量（以巴比妥类药物为例）见表 7-4。

1. 吸入药物致死

吸入药物致死，药物包括二氧化碳（CO_2）、氮气（N_2）、氟烷、甲氧氟烷、异氟烷、安氟醚等。CO_2 是啮齿类动物最常用的吸入性药物，适用于小鼠、大鼠、豚鼠和仓鼠等啮齿类动物。吸入 40%CO_2 时很快达到麻醉效果，而长时间持续吸入可导致动物死亡。安乐死箱内动物不宜过多，可使用透视性好的箱子，以便确认动物死亡。实施吸入性药物安乐死宜在通风良好的场所内实施。

2. 注射药物致死

注射药物致死，药物包括巴比妥类药物、氯化钾等。常用注射方式包括静脉注射、腹腔注射、心脏注射等，优先选择静脉注射。腹腔注射需使用较高剂量的药物，会使动物死亡时间延长及死前挣扎。心脏注射只适用于呈现垂死、休克或深度麻醉中的动物。

3. 物理方式致死

可采用颈椎脱臼、断颈、电击、头部击碎、放血等物理方式安乐死动物。物理方式可用于解剖性状适用的或其他安乐死方法影响实验结果的动物。所有操作人员建议接受完整的技术训练，并以尸体多次练习后方可正式实施。颈椎脱臼法可用于体重低于200g 的啮齿类动物、禽类及兔。除有特殊需求外，实施颈椎脱臼前可给予动物镇静剂，以减少动物的应激。因实验需求无法使用化学药物或 CO_2 时，可使用断颈法。因实验所需采集动物的全身血液或放血，需先麻醉待动物，使其失去知觉后实施。

表 7–3　常用实验动物安乐死方法

安乐死方法	> 14 日龄且体重< 200g 啮齿类动物	200 ～ 1000g 啮齿类动物	兔	犬	猫	猴	牛、马、猪
静脉注射巴比妥类药物注射液	Y	Y	Y	Y	Y	Y	Y
腹腔注射巴比妥类药物注射液	Y	Y	Y	X	Y	X	Y
吸入二氧化碳（CO_2）	Y	Y	Y	X	X	X	X
先麻醉，后采血（放血）致死	Y	Y	Y	Y	Y	Y	Y
先麻醉，后静脉注射氯化钾（1 ～ 2meq/kg）	Y	Y	Y	Y	Y	Y	Y
先麻醉，后断颈	Y	Y	N	X	X	X	X
先麻醉，后颈椎脱臼	Y	Y	X	X	X	X	X
动物清醒中直接断颈（头）	N	N	X	X	X	X	X
动物清醒中直接颈椎脱臼	N	X	X	X	X	X	X
电昏后放血致死	X	X	X	X	X	X	Y

注：Y 为建议使用；X 为不得使用；N 为不推荐，除非实验需要（操作人员操作熟练，通过审核）。

表 7–4　巴比妥类药物推荐安乐死剂量（mg/kg）

类别	静脉注射	腹腔注射	类别	静脉注射	腹腔注射
小鼠	≥ 150	≥ 150	雪貂	≥ 120	≥ 120
大鼠	≥ 150	≥ 150	猫	≥ 80	≥ 80
地鼠	≥ 150	≥ 150	家禽	≥ 150	≥ 150
豚鼠	≥ 120	≥ 150	猪	≥ 90	N
兔	≥ 100	≥ 150	绵羊	≥ 90	N
犬	≥ 80	≥ 80	山羊	≥ 90	N
猴	≥ 80	N			

注：N 为不推荐使用。

七、实验动物的解剖、病理取材方法

动物实验后进行解剖检查是实验过程中一个重要步骤，通过对动物解剖检查和病理学观察，可以分析动物死亡原因、各器官病变特点，观察实验效果，为分析实验结果提供病理形态学依据。

（一）实验动物解剖检查

1. 器械及其他材料

大鼠、小鼠、豚鼠、兔、犬，常规手术器械一套，0.1g 称量的电子秤一台，0.0001g 的电子天平一台，称量纸若干，平皿若干，固定板，橡皮筋，夹子，细绳子等。

2. 解剖记录和麻醉

首先复查动物编号、性别和实验分组，死亡动物需记录死亡和解剖时间，活体解剖应先麻醉，然后称体重并做相关记录。安乐死方法应不影响肉眼检查和病理取材。

3. 体表检查

检查动物外观：脱毛，肥瘦，皮肤（是否有外伤、出血、肿瘤等），眼、耳、鼻、口腔和肛门有无异常分泌物、出血、损伤。

4. 胸腹部皮下组织检查

将动物固定好，用纱布蘸取自来水湿润被毛，从下颌至耻骨联合，沿正中线切开皮肤。剥离皮下组织，观察是否有出血和感染情况。分离出气管，用止血钳夹住，便于解剖胸腔时对肺脏的观察。

5. 腹腔检查

首先，沿肋骨下缘腹正中切开腹壁肌肉至耻骨联合，从肋骨下端向脊柱方向将两侧腹壁剪开，以便观察腹腔内脏器。剖腹时注意腹腔内有无积液、血液或炎性渗出物，并做记录。其次，检查腹腔内各脏器位置是否正常，特别应注意肝、脾的位置及大小，胃、肠充盈情况，大网膜和腹膜的颜色和状态等。最后，再将脏器依次取出，顺序是脾、肝、胰腺、胃、十二指肠、小肠、大肠、肾上腺、肾、膀胱、睾丸（连附睾）、前列腺或子宫、卵巢。

（1）肝　先检查胆囊内是否有结石（大鼠无胆囊），挤压胆囊。肝脏有无肿大、硬化、肿瘤及寄生虫等，注意门静脉有无血栓。

（2）胰腺　与人不同，多呈分叶状，边缘不整齐，似脂肪。

（3）胃　沿胃大弯剪开，检查同上。

（4）肠　沿肠系膜附着线剪开肠腔，检查黏膜是否有充血、出血、穿孔、肿瘤或炎性渗出物；大肠内粪便是否有黏液、寄生虫，回肠的集合淋巴器有无增生或溃疡。

（5）肾　检查其颜色、大小如何，有无肾炎、硬化、肿瘤及结核等；肾盂有无结石。

（6）子宫　除猴外，犬、兔、大鼠、小鼠均为双侧子宫。

6. 胸部检查

胸部检查为用剪刀在肋骨的软、硬骨连接部位内侧，从肋弓到第二肋骨切断左右肋骨。提起肋弓，再剪断左右第一肋骨和胸锁关节，暴露胸腔。首先观察胸骨后方胸腺，两侧胸腔是否有积液等，然后检查两肺表面与胸壁有无粘连，胸膜颜色和状态，心包情况和肺纵隔有无出血等变化，最后取出胸腔器官。

（1）肺 检查两侧肺表面有无出血、炎症变化；有无实变和肺气肿；应注意区分各肺叶的变化。肺切面检查有无实质性病灶、气肿、萎缩，轻压时有无内容物自小支气管内挤出。

（2）心 剪开心包膜暴露心脏，注意其大小、外形、心外膜情况。顺血液方向剖开心脏，先检查右心，后检查左心。观察心肌、心内膜等改变，有无出血和感染，瓣膜有无改变；冠状动脉有无硬化和血栓等。

7. 头部检查

将动物改成俯卧位，用手术刀从颈部背侧正中线切开皮肤并沿颅顶直切至鼻尖，分离皮下组织并向切口两侧拉开，充分暴露头颅和颈部。用刀将附着在头颅和颈部脊椎骨上的肌肉尽量剥离干净。用尖嘴剪刀将枕部脊椎腔剪开并暴露脊髓，从枕骨大孔沿头部两侧与眼眉部平行剪开颅盖骨，即暴露硬脑膜；观察硬脑膜有无出血、充血等变化，然后剪开硬脑膜。用眼科剪刀剪断与脊髓相连的脊椎动脉和颈神经，用镊子夹住脊髓轻轻往外拉；托住脑组织，将各对脑神经切断，用小剪刀探入蝶骨鞍槽内，剥离与脑垂体相连的周围组织，最后连同脑垂体将整个脑、脊髓取出。检查脑回和脑沟有无异常变化，观察脑有无病变。

（二）脏器称重

由于动物的各组织器官在增生、萎缩、炎症、肿瘤等病变时会产生重量上的改变，这种改变对病理形态学诊断、分析实验结果有着重要的参考价值及意义，因此脏器称重是病理解剖学常用的手段，尤以药理学、毒理学实验常用。将尸检取出的器官（除胃、肠以外）用器械仔细剥离脂肪及其他附着物后，置于称量纸上，用天平称取重量并记录（注意双侧器官应记录左右，子宫应注明是否连胎盘，睾丸应注明是否连附睾）；特殊器官的称重应根据实验要求而定。根据体重算出各器官占体重的百分数，并列表分析。

（三）动物组织标本的选取和固定

1. 组织块的选取

选取组织和固定时间应越早越好，以免发生自溶。选取组织块首先应选取病灶与正常交界处的组织，即包括病变本身及病变周围的正常组织。其次切出的组织，也应注意包括所有脏器的重要结构部分。同时，切出时要取其最大的组织面。采取组织时还要尽量保持肉眼标本的完整性。

2. 切取组织块的大小与形状

组织块的厚度要适宜，一般厚 3～5mm；对于大小为 1.5～2cm^2 组织块，在成对器官或同一器官切取多块组织时，应切成不同的形状，以便于辨别而不致混淆，如左肾切成长方形或三角形，右肾切成正方形。

3. 保持组织块的完整性

保持组织块的完整性，切取的组织块不要挤压。切时宜用锋利的刀，少用剪，而且切时不能将刀来回拉锯，必须用力一刀切下以免挤压组织，造成变形。

4. 组织块的固定

组织块的固定，根据实际情况来选取固定液。固定液要新鲜，应取 10 ~ 20 倍于固定组织的体积，固定时间一般在 24 小时或更长。

八、实验动物的麻醉方法

在动物实验中，为了减轻动物的痛苦，便于实验操作，顺利完成实验，除个别情况外，需要对动物进行必要的麻醉。

（一）麻醉的方法和常用麻醉剂

根据要麻醉的范围可以分为局部麻醉和全身麻醉，根据麻醉的方式又可以分为注射麻醉和吸入麻醉。对动物实验而言，一般常用的是全身麻醉，局部麻醉仅用于部分大动物的手术。局部麻醉常用的药物是普鲁卡因或利多卡因。普鲁卡因常用于局部浸润麻醉，用时配成 0.5% ~ 1%。而利多卡因，此药见效快，组织穿透性好，常用 1% ~ 2% 溶液作为大动物神经干阻滞麻醉，也可用 0.25% ~ 0.5% 溶液作为局部浸润麻醉。

全身注射麻醉常用的方式有腹腔内注射、肌内注射、静脉注射。小鼠、大鼠、豚鼠等动物体型小，易于保定，腹腔注射容易，而且起效较快。兔耳缘静脉明显，可进行静脉注射麻醉。体型较大的犬、猪等，可先通过肌内注射诱导麻醉，待其肌肉松弛、不具有反抗力时，再视麻醉程度和实验需要，对其进行静脉麻醉，犬、猫一般通过后肢的小隐静脉注射，猪一般通过耳缘静脉注射。在注射麻醉药物时，先用麻醉药总量的 2/3，密切观察动物生命体征的变化，如已达到所需麻醉的程度，余下的麻醉药则不用，避免麻醉过深抑制延脑呼吸中枢导致动物死亡。常用的注射麻醉药的剂量和用法见表 7-5。

表 7-5　常用注射麻醉药的剂量和用法

药物	动物	途径	剂量（mg/kg）	常用浓度（%）	麻醉维持时间
氯醛糖	兔	腹腔	80 ~ 100	2	5 ~ 6 小时
	大鼠	腹腔	55 ~ 80	2	
	小鼠	腹腔	50 ~ 100	2	
戊巴比妥钠	犬	静脉	30	3	2 ~ 4 小时
	兔	静脉	30 ~ 35	3	
	啮齿类	静脉	25 ~ 45	3	
	兔、啮齿类	腹腔	40 ~ 50	3	

续表

药物	动物	途径	剂量 （mg/kg）	常用浓度 （%）	麻醉维持时间
氨基甲酸乙酯 （乌拉坦）	兔 啮齿类	腹腔 腹腔	750～1000 1000～2000	30 20～25	2～4小时
硫喷妥钠	犬、兔 兔 大鼠 小鼠	静脉 腹腔 腹腔 腹腔	10～25 25～50 40 50	2 2 1 1	15～30分钟

（二）麻醉的注意事项

1. 动物麻醉前一般需禁食 8～12 小时，同时确保动物在麻醉前有良好的健康状态；选择并准备好麻醉药品，计算好剂量；准备好保温、麻醉监测和意外抢救措施。

2. 静脉注射必须缓慢，并注意观察动物反射活动状态，适时停止注射；动物在麻醉期体温容易下降，要注意保温；在寒冷冬季做慢性实验时，麻醉剂在注射前要加热至动物体温水平。

3. 准确监测麻醉程度，麻醉过深，动物各种正常反应受到抑制，会影响实验结果；麻醉过浅，手术或实验操作会引起强烈的疼痛，使动物生理功能发生改变。所以手术正式进行之前，须进行深度疼痛测试，用手指挤压动物的后肢脚趾，如果动物有反应如缩回后肢，则动物意识未完全消失；如果动物对测试无反应，则为无意识或意识消失，麻醉达到手术要求，可以开始手术。外科手术开始时，动物应充分松弛、对疼痛刺激无反应、呼吸和心率正常。

4. 手术或实验结束后，麻醉恢复期动物可与正处于恢复期的同一品系、同一组别动物放在一个笼具中，也可单独放在一个饲养笼内，但不要与未麻醉的动物放在一起，防止恢复期动物受伤。动物恢复期必须保温。当动物恢复正常活动时，可以与同组动物放回同一饲养笼。

5. 手术或实验结束后，还应给予镇痛药物进行干预，缓解动物不适，使其能尽快恢复。同时要注意对其补充液体摄入量防止脱水。

第八章　人类疾病动物模型 ▷▷▷▷

在实验动物的众多应用中，建立各种疾病模型以进行发病机制研究或治疗研究无疑是常见的应用。利用实验动物做出最接近临床情况的疾病模型，是科研人员的不懈追求。当前已有数千种人类疾病动物模型，不能在此一一介绍，只能从宏观上阐明一些基本概念，包括动物模型的发展史、制作原则和分类等，并简单介绍部分常见疾病动物模型的建立过程。对于其他疾病动物模型的具体制作方法，仍需查阅相关文献，根据实验目的和实践经验摸索确定。

第一节　人类疾病动物模型概论

一、人类疾病动物模型的定义

人类疾病动物模型（animal model of human diseases）是指在生物医学研究中，为了阐明人类疾病的发生机理、建立诊断、预防和治疗方法而制作的，具有人类疾病类似表现的实验动物。

受伦理学的制约，许多疾病的相关研究不能直接在人体进行，需要借助实验动物。通过对动物模型的研究，可有意识地改变在自然条件下不可能或不容易控制的因素，以更为准确地观察模型的实验结果，并将研究结果推及人类疾病，从而更有效地认识人类疾病的发生、发展规律及研究防治措施。应用动物模型的优越性主要表现在以下几个方面。

1. 避免实验对人体造成伤害

临床上对外伤、中毒、肿瘤等疾病的研究不能在人体内进行，可选择相应的实验动物模型进行研究。新药、化妆品、农药等的开发，也先要在动物身上确定效果和安全性，以最大限度地避免对人体的伤害。

2. 便于研究平时不容易见到的疾病

有些疾病如放射病、毒气中毒、战伤等在临床不常见，有些疾病如某些遗传性、免疫性、代谢性、内分泌及血液系统疾病发病率低，有些疾病如麻风病、艾滋病等潜伏期较长，能用于分析研究的临床数据明显不足。制作这些疾病的动物模型能在短时间内获得大量疾病材料，有助于疾病研究。

3. 缩短实验研究的周期

有些慢性疾病如肿瘤、动脉粥样硬化、遗传病类风湿等发生发展速度缓慢，潜伏期长、病程长，有的疾病要隔代或者隔几代才能显性发病。一个医学研究很难进行一代或几代人的观察研究，在时间上是难以实现的，而许多动物由于生命周期比较短，在短时间内进行一代或几代的观察就显得十分容易，应用动物模型来研究就克服了以上不足。

4. 实验结果具有可比性

临床上许多疾病是十分复杂的。患者并非只患有一种疾病，有的几种疾病同时并存，即使某单一疾病，由于患者的年龄、性别、体质、遗传，以及社会因素对其疾病发生、发展都会有影响，产生不同的效果。而用动物复制的疾病模型，就可以选择相同品种、品系、性别、年龄、体重、健康状态，以及在相同的环境因素内进行观察研究，这样对该疾病及其发展过程的研究就可以排除其他影响因素，使结果更加准确，也可单一变换某一因素，使实验研究的结果更加深入，增加了因素的可比性。

5. 方便样本收集和实验结果分析

从临床患者身上获得疾病相关材料，在种类上和数量上均有局限性。动物模型作为研究人类疾病的"代替品"，便于实验操作人员按需要采集各种与疾病相关的样品和数据，包括组织、细胞、体液、影像学资料等。通过分批处死动物（或从动物活体）收集样本，还可以更好地了解疾病的全过程。

二、人类疾病动物模型的发展史

人类用动物进行实验来探索生命的奥秘已经有几千年的历史，但作为生物医学各学科发展的初级阶段，在很长的一段历史时期内主要是通过观察、比较动物与动物之间，以及动物与人之间在解剖结构和功能上的共同点和差异点来认识人类自身。真正作为疾病动物模型进行的研究，最早可追溯到 18 世纪，当时正是通过对大量动物疾病的研究，使人们对疾病的本质、对人与动物的关系有了一个崭新的认识，为现代疾病动物模型的开创奠定了基础。

18 世纪，英国医生爱德华·詹纳（Edward Jenner）通过实验发现并证实了给人接种牛痘可使之获得天花免疫，从而为人类抵御天花的侵袭制定了免疫接种的标准方法。1876 年，德国医生罗伯特·郭霍（Robert Koch）从病牛的脾脏中得到了致炭疽病的细菌，并且移种到鼠身上，使鼠相互感染，并重新分离获得相同的杆菌，通过对致炭疽病细菌的研究，使人们首次认识了由微生物引起的人畜共患病。1914 年，日本科学家山极和市川用沥青长期涂抹家兔耳朵成功诱发皮肤癌，进一步研究发现沥青中的 3,4- 苯并芘为化学致癌物，从而证实了化学物质可以致癌的理论。

以人类疾病的动物模型作为专题进行开发研究，是在 20 世纪 60 年代初期才真正开始的。1961 年，在美国国立卫生研究院（NIH）病理培训委员会主办的第一次比较病理研讨会中，首次提出加强开发人类疾病的动物模型。1968 年，美国联邦实验生物学学会（FASEB）召开了"人类疾病研究中动物模型的选择"专题会，此后每年均举办有关讨论会，分专题介绍各类动物疾病模型。同年，美国实验动物资源署（ILAR）与美国实验动物医学会（ACLAM）出版了《生物医学研究的动物模型》。1982 年，赫格贝里（Hegreberg）和莱瑟（Leathers）编辑出版了《动物模型一览》，共收集各种模型 4000余种。

20 世纪 80 年代后期，现代生物学技术被广泛地应用于疾病动物模型研究中，建立了许多转基因和基因敲除动物模型，极大地丰富了疾病动物模型的种类和内容。目前，人类疾病动物模型已经成为西医学，特别是药效学、肿瘤学、免疫学及临床试验医学深入发展不可或缺的工具，且有良好的发展前景和很高的实用价值。我国为了进一步推动人类疾病动物模型资源的利用和开放共享，也于 2020 年批准建设国家人类疾病动物模型资源库。

三、人类疾病动物模型的制作原则

建立实验动物模型的最终目的是防治人类疾病，因此，疾病模型研究结果的可靠程度取决于模型与自然原型（即人类疾病）的相似或可比拟的程度。一个好的动物模型应具有以下特点。

1. 相似性

相似性即应与人类疾病有相似之处，可再现所要研究的人类疾病的病理改变。相似之处越多，模型的研究价值就越大。

2. 确定性

确定性即能通过各种观察指标得到明确诊断。

3. 完整性

完整性即所选的动物的背景资料要完整，生命史能满足实验需要，能显示某种疾病从发病到转归的整个变化过程。

4. 可重复性

可重复性即相近条件下，能够复制和再现，最好能在两种以上不同种属动物上得到证实。

5. 规范性

规范性即在研制与制作过程中有基本统一的操作规程、技术参数与观察指标等。

6. 实用性

实用性即可应用于药物药效学和毒理学检测，对药物疗效和安全性评价有实用价值，也可应用于医学实验研究，对临床诊治工作有理论指导意义等。

7. 易行性

易行性即能充分保障所需动物和试剂的来源，并保证制作方法简便、仪器设备普及、造模价格适中等。

但需要特别注意的是，没有一种动物模型能完全复制人类疾病的状况，动物和人类毕竟有不可逾越的种属差异，且模型实验只是一种间接性研究，只可能在一个或几个方面与人类疾病相似，这就导致模型实验结论的正确性只是相对的。所以动物模型在制作过程中一旦出现与人类疾病不同的情况，必须理性分析差异的性质和程度，找出相平行的共同点，正确评估哪些是有价值的内容。

四、人类疾病动物模型的分类

人类疾病动物模型有多种分类方式：根据疾病动物模型制作方法可分为诱发性、自发性和生物技术制作的疾病动物模型；根据人类各系统疾病可分为心血管、呼吸、消化、造血、泌尿、生殖、内分泌、神经、运动等系统疾病动物模型；根据疾病的病理过程，将致病因素在一定条件下作用于动物，动物在功能、代谢和形态结构上出现某些共性变化而形成的动物模型，如发热、缺氧、水肿、炎症、休克、电解质紊乱、酸碱平衡障碍、呕吐、腹泻等疾病动物模型；我国中医药研究工作者利用中医学独特的理论体系辨证论治，利用实验动物建立的中医证候动物模型。现对根据疾病动物模型制作方法分类的疾病动物模型进行简要介绍。

（一）自发性疾病动物模型

自发性疾病动物模型是指实验动物未经任何人工处置，在自然条件下发生的或由于基因发生突变，或在繁育过程中隐性致病基因的暴露或多疾病基因的重新组合，从而出现具有某种遗传缺陷或某种遗传特点，并能通过遗传育种保留下来的动物模型。在自然情况下，基因发生突变的概率是非常低的，十万个到一亿个生殖细胞中才会有一个发生突变，且有的个体有明显的症状，有的个体却没有。由于发现和验证基因突变需要有专门的遗传学知识和程序，所以在日常饲育过程中，那些呈"畸形"或"缺陷"的动物，常被饲养人员视作"非健康"者而被处理掉了，难以进行收集和复制，因此许多自发性疾病模型的培育带有一定的偶然性。要建立自发性疾病模型，研究者首先应有敏锐的眼光，及时发现有特殊疾病意义的个别突变动物，并通过合理的遗传育种和检测手段加以定向培育，保持其遗传性状，培育出有研究价值的突变系动物。

自发性动物模型的优点是在一定程度上减少了人为因素的干扰，在疾病的发生发展上更接近自然的人类疾病。缺点是目前所发现的种类有限，不同种系动物发生疾病的类型和发病机制有差异，而且疾病动物饲养条件要求高，需要一定的时间，操作技术性强，尚不能普遍应用。

（二）诱发性疾病动物模型

诱发性疾病动物模型，又称实验性疾病动物模型，指通过运用物理、化学、生物等致病因素人为作用于实验动物，造成其组织、器官或全身的一定损害，出现某些类似人类疾病的行为活动、体表症状、功能指标、形态结构及新陈代谢等方面的变化。诱发性疾病动物模型的主要致病因素如下。

1. 物理因素

物理因素包括手术、机械、烟雾、气压、温度、辐射、噪声等。如冠脉结扎手术复制心肌缺血模型、机械损伤复制各类骨折模型、被动吸烟复制慢性支气管炎模型、气压骤变复制潜水病模型、长期热水灌胃复制慢性萎缩性胃炎模型、噪声刺激复制听源性高血压模型等。运用物理因素复制各种模型时必须考虑不同对象应采用不同的刺激强度、频率和作用时间，按设计要求摸索有关实验条件。

2. 化学因素

化学因素包括有毒药物、强酸强碱、农药、重金属等。如环磷酰胺诱发白细胞减少症模型、阿霉素诱发充血性心力衰竭模型、普萘洛尔涂抹诱发银屑病样模型、强碱强酸诱发皮肤烧伤模型、高脂饲料诱发动脉粥样硬化模型、乌头碱诱发心律失常模型、α-萘基异硫氰酸诱发肝内胆汁淤积模型等。运用化学因素复制各种模型时应注意不同品种、不同年龄的动物存在着剂量、耐受性和不良反应等差异，实验者需要通过广泛收集有关信息，在预实验中摸索稳定而有效的实验条件。

3. 生物因素

生物因素包括细菌、病毒、寄生虫、激素、生物制品等。在动物模型中，由生物因素诱导发生的传染或非传染性疾病占有相当的比例。如幽门螺杆菌（Hp）诱导慢性萎缩性胃炎模型、大肠杆菌内毒素诱导细菌性胆道感染模型、乙肝病毒接种诱导乙型肝炎模型、日本血吸虫感染模型、睾酮诱发良性前列腺增生症模型、牛血清白蛋白诱导慢性肾小球肾炎模型、抗血小板血清所致血小板减少性紫癜模型、木瓜蛋白酶诱发骨关节炎模型等。运用生物因素复制各种模型时，首先要充分了解动物与人在遗传背景、疾病易感性及临床表现等方面的异同处。

诱发性疾病动物模型的制作方法简便，实验条件可人工控制，且重复性好，从而可在短期内获得大量疾病模型样品。但是必须指出，这类模型与自然发生的动物疾病及人类疾病本身仍存在某些差异；因此在讨论与应用有关实验结果时，应对这种差异予以充分重视。另外，尚有不少人类疾病至今未能用人工方法复制，需进一步研究。诱发性疾病动物模型适用于对各类疾病病因和发病机制的研究，候选药物活性的筛选，药物临床前主要药效学和毒理学的评价。

（三）遗传工程疾病动物模型

遗传工程疾病动物模型是利用遗传工程技术对动物基因组进行修饰，用于研究基因功能或疾病机制的动物模型，也称基因修饰动物模型，是指利用胚胎工程和基因工程等现代生物技术有目的地干预动物的遗传组成，导致动物出现新的性状，并使其能够有效地遗传下去，形成新的可供生命科学研究的和其他目的所用的动物模型。

目前，应用最多的基因工程动物是基因工程小鼠和大鼠。世界各地研发的基因工程小鼠和大鼠品系已经接近20000种，主要保存在美国杰克逊实验室、英国桑格研究所、日本熊本大学等。我国从国外引进和自主研制的基因工程大小鼠有3000～4000个品系，很多单位也在根据实验需求积极研发新的品系，对其开发利用已成为热点。但其制作需要昂贵的仪器设备、熟练的操作技术，且单个基因的改变不能很好地模拟多基因改变的人类疾病实际情况，与理想再现人类疾病还有一定差距。

第二节　常见人类疾病动物模型

如今，有价值的各种模型已有数千种，并在不断增加，在此不能逐一列举。这里仅选取科学研究常用的几类人类疾病动物模型进行简单介绍。

一、肿瘤动物模型

根据产生的原因，可将肿瘤动物模型分为自发性肿瘤动物模型、诱发性肿瘤动物模型、基因修饰肿瘤动物模型和移植性肿瘤动物模型。在动物选择上，主要以哺乳动物为主，其中啮齿类实验动物使用量最大。

（一）自发性肿瘤动物模型

自发性肿瘤动物模型是指实验动物种群中不经有意识的人工实验处置而自然发生肿瘤，如利用 AKR 小鼠建立白血病模型、利用 C3H 小鼠建立乳腺癌模型。动物肿瘤自发过程与人类肿瘤发生发展过程近似，可用于观察遗传、环境等因素在肿瘤发生发展上的作用，但由于个体之间肿瘤生长差异较大，很难在限定时间段内获得大量荷瘤动物，实验周期相对较长。

（二）诱发性肿瘤动物模型

诱发性肿瘤动物模型是在实验条件下，使用物理、化学和生物等致癌因素诱发动物发生肿瘤。常用的致癌因素有放射线、化学致癌物、生物毒素、细菌、肿瘤病毒等，尤其以化学因素诱导居多。如四氯化碳乙醇诱导小鼠原发性肝癌、二乙基亚硝胺诱发小鼠肺癌、小鼠白血病病毒诱发白血病等。

常用的致癌物给予方法和途径包括：①涂抹法，将致癌物涂抹在背部及耳部皮肤，主要用于诱发皮肤肿瘤。②经口给药法，通过饮水、饲料或灌喂动物给予致癌物，常用于食管癌、胃癌及大肠癌等。③注射法，致癌物制成溶液，经皮下、肌肉、静脉或体腔等途径注入体内，此法较常用。④气管注入法，将致癌物注入气管，常用于诱发肺癌。⑤穿线法，将致癌物吸附于预制的线结上，将此线结穿入靶组织而诱发肿瘤。⑥埋藏法，将致癌物包埋于皮下或其他组织内。

诱发性肿瘤动物模型的致癌因素和条件可人为控制，诱发率远高于自然发病率，常用于验证可疑致癌因素的作用和肿瘤病因及预防研究，但诱导时间长，诱导因素相对单一，肿瘤出现的时间、部位、病灶数等存在个体差异，诱导过程中也要保证实验人员安全和防止环境污染。

（三）基因修饰肿瘤动物模型

基因修饰肿瘤动物模型是利用转基因、基因打靶和条件性基因打靶等技术敲除或插入特定基因，从而诱发动物产生肿瘤。模型动物能更好地模拟人肿瘤的组织病理学和分子学特征，表现更好的遗传异质性，可用于验证潜在肿瘤基因与药物靶点、肿瘤微环境及药物耐药性机制等研究，但模型建立过程较长，费用较高，且一般基因位点改变较为单一。

（四）移植性肿瘤动物模型

移植性肿瘤动物模型是将动物或人体肿瘤细胞或瘤块组织移植到动物体内连续传代而形成肿瘤，有不同的分类方式。

1. 根据肿瘤细胞和移植对象的种属差异进行分类

移植性肿瘤动物模型根据肿瘤细胞和移植对象的种属差异，可分为将动物肿瘤组织（或细胞悬液）移植于同品系或同种属动物体内的同种移植，以及将来源于人体或其他动物的肿瘤组织移植到另一种属的受体动物体内的异种移植。

2. 根据移植肿瘤细胞来源分类

移植性肿瘤动物模型根据移植肿瘤细胞来源不同，可分为移植成熟细胞系的肿瘤细胞系移植模型和移植肿瘤患者新鲜肿瘤组织的人源肿瘤组织异种移植模型。其中，肿瘤细胞系移植模型的肿瘤细胞系可以是动物来源，也可以是人来源，但都为已建立的稳定细胞系；而人源肿瘤组织异种移植模型的肿瘤组织来源于临床肿瘤患者，其保留了患者肿瘤的基质异质性和组织学特性，并能为肿瘤的研究提供体内模拟环境（癌细胞形态、基质富集、淋巴和血管系统）及坏死区域，能更客观和针对性地反映患者肿瘤的发展及对于药物作用的反应。

因为将人类肿瘤移植到动物体内，能基本保持原发肿瘤的大部分生物学特性，相对于动物来源肿瘤细胞的移植模型，结果的临床相关性更大，是抗肿瘤药物筛选常用的体内方法。但因为人与动物间的异种排斥反应，人类肿瘤的异种移植模型须选用免疫缺陷动物，常用种系包括 T 淋巴细胞功能缺陷的裸小鼠、裸大鼠、裸豚鼠等；B 淋巴细胞功能缺陷的 CBA/N 小鼠等；联合免疫缺陷的 SCID 小鼠（T、B 细胞联合免疫缺陷）、Beige–Nude 小鼠（T、NK 细胞免疫缺陷）等。

3. 根据移植部位分类

移植性肿瘤动物模型按移植部位不同，可分为将肿瘤组织（或细胞悬液）移植到与肿瘤原发部位相对应的移植宿主器官组织内的原位移植和非对应部位的异位移植。其中，原位移植能提供更符合实际情况的肿瘤生存环境，而异位移植因多移植在皮下、肾包膜下、睾丸包膜下和脑内，或静脉注射肿瘤细胞悬液成瘤，方便持续检测肿瘤生长情况或肿瘤转移研究。其中，皮下是异位移植中常用的部位，根据接种方式的不同，又可分为组织块法、细胞悬液法、匀浆法、培养细胞法、腹水法等。现对小鼠皮下组织块法移植瘤模型的建立的步骤进行详细介绍。

【例】小鼠皮下组织块法移植瘤模型

模型制作：生理盐水置于表面皿中，放置于冰盒上。所有手术器械经高压灭菌，操作台消毒。将荷瘤小鼠安乐死，见彩插图 8-1（A），在 75% 乙醇中浸泡，见彩插图 8-1（B），2 分钟后取出，剪开瘤体处皮肤，剥离出瘤体，见彩插图 8-1（C），放入预冷的生理盐水中。选择生长良好、无坏死液化的瘤组织，镊子和眼科剪配合剪成约

2mm×2mm×2mm 大小的瘤块备用,见彩插图 8-1(D)。将剪好的瘤块放置在套管针的前部,见彩插图 8-1(E),稍微回抽针芯使瘤块不易在后续皮下穿行过程中掉落。一人固定小鼠,另一人行接种操作。先用乙醇棉球消毒进针部位腰部,见彩插图 8-1(F),待乙醇自然风干后,将接种套管针插入腰部皮下,在皮下穿行至针尖到达腋下靠近背部位置,见彩插图 8-1(G),推针芯使瘤块留在预接种部位后回抽接种套管针,见彩插图 8-1(H)。

注意事项:手术为无菌操作,注意器械环境消毒灭菌到位。选择生长良好、无坏死液化的瘤组织,有利于提高成功率。剪切的瘤块尽量均匀,有利于提高模型小鼠瘤块的均一稳定性。接种操作的时间尽可能缩短,从瘤块取材到接种结束一般应控制在 30 分钟内完成。

二、糖尿病动物模型

糖尿病动物模型是指根据实验动物的生理特点,采用物理、化学或者生物技术的方法诱导具有糖尿病特点的动物模型。在动物选择上,主要以哺乳动物为主,啮齿类实验动物使用量最大。

(一)诱发性糖尿病动物模型

1. 1 型糖尿病的动物模型

1 型糖尿病的动物模型常用造模药物为链脲佐菌素(STZ)和四氧嘧啶,通过一次性大剂量注射或者多次小剂量注射的方式破坏动物的胰岛 β 细胞,能诱发多种动物产生 1 型糖尿病的疾病特征,造模动物有大鼠、小鼠、家兔等,一般采用大鼠和小鼠。

2. 2 型糖尿病的动物模型

2 型糖尿病的动物模型通过给予动物高能量饮食(高糖、高脂、高糖高脂及高热量饮食)诱导胰岛素抵抗,然后注射小剂量链脲佐菌素(STZ)破坏动物的胰岛 β 细胞的部分功能,使胰岛素分泌减少,诱发多种动物产生 2 型糖尿病的疾病特征。造模动物有大鼠、小鼠、家兔等,以大鼠应用最为广泛。大鼠品系以维斯塔尔(Wistar)和 SD 为主,给药剂量为 15 ~ 40mg/kg。给药方式以腹腔注射为主,尾静脉注射也较为常用。现对 STZ 诱导 2 型糖尿病大鼠模型建立的步骤进行详细介绍。

【例】STZ 诱导 2 型糖尿病大鼠模型

模型制作:SD 大鼠高脂饲料喂养 1 个月,禁食不禁水 16 小时,按 30mg/kg 剂量给高脂饲料喂养的大鼠尾静脉注射 STZ 溶液,见彩插图 8-2(A),注射 2 小时后,每只大鼠灌胃葡萄糖溶液 4mL,见彩插图 8-2(B),并在平时饮水中酌情添加葡萄糖。注射后所有大鼠均喂食普通饲料,72 小时后,禁食不禁水 12 小时。饲养过程中每周一次采尾尖血进行血糖监测,见彩插图 8-2(C、D),两次血糖值均大于 11.1mmol/L 被视为造模成功。

注意事项:STZ 必须现配现用。

（二）自发性糖尿病动物模型

1. 自发性 1 型糖尿病的动物模型

（1）BB 大鼠　BB 大鼠是一组远交系自发性糖尿病 Wistar 大鼠，可作为胰岛素依赖型糖尿病（IDDM）的动物模型。在该远交系中，糖尿病的发病率为 30%～50%，经过选育，可使发病率提高到 90%。大部分病鼠为胰岛素依赖性，而少部分病鼠亦能在不给外源性胰岛素的情况下存活，并呈慢性病变。BB 大鼠所表现的糖尿病和人的胰岛素依赖型糖尿病（IDDM）极为相似，但晚期并发症尚未确定。

（2）NOD/LtJ 小鼠　NOD/LtJ 小鼠为非肥胖糖尿病小鼠，在对 ICR/Jcl 小鼠进行近交培育时发现。其糖尿病表型包括具有糖尿病特征性胰岛炎（胰岛被白细胞浸润所致）、胰岛 β 细胞选择性破坏、雌性小鼠 12 周龄左右胰腺胰岛素含量显著下降（雄性则会晚几周发生）、形成低胰岛素血症和高血糖血症等，临床症状与人类 1 型糖尿病类似。值得注意的是，NOD 小鼠在糖尿病发病率上存在性别差异，雌性小鼠发病早，发病率高，30 周龄时的发病率为 90%～100%；而雄性 NOD 小鼠到 30～40 周龄时的发病率也只有 40%～60%。

（3）Akita 小鼠　Akita 杂合子小鼠患有严重的胰岛素依赖型糖尿病（从 3～4 周龄开始），以高血糖、低胰岛素血症、多尿和多饮症为特征。Akita 小鼠是 1 型糖尿病的重要模型，不出现肥胖。雄性小鼠出现严重的高血糖症，而雌性小鼠血糖升高则不如雄性小鼠那么明显，这可能是由于雌激素的保护作用。Akita 纯合子小鼠若不给予胰岛素治疗，很少存活超过 12 周。Akita 杂合子小鼠不需要外源诱导即可快速发生糖尿病，是化学药物诱导模型的理想替代小鼠，也非常适合应用到同种异体或异种胰岛移植相关研究中。

2. 自发性 2 型糖尿病的动物模型

（1）Zucker（fa/fa）大鼠　Zucker（fa/fa）大鼠的肥胖伴随发生 2 型糖尿病的早期阶段，属典型的高胰岛素血症肥胖模型。动物有轻度糖耐量异常、高胰岛素血症和外周胰岛素抵抗，无酮症表现，类似人类的非胰岛素依赖型糖尿病（NIDDM）。Zucker（fa/fa）大鼠在离乳前脂肪细胞的体积已开始增大，离乳后体重增长较快，血浆胰岛素明显升高，10 周龄时体重可达 1045g，同时还有食量大、采食次数减少、高胰岛素血症和胰岛素抵抗等特点。

（2）GK 大鼠　GK 大鼠是通过选择糖耐量处于上限的 Wistar 大鼠近交繁殖重复数代培育而成。GK 大鼠新生期血糖水平正常，成年期发展为显性糖尿病，表现为轻度空腹高血糖、明显的餐后高血糖、高胰岛素血症、胰岛素抵抗、葡萄糖刺激的胰岛素分泌受损，无酮症表现。雄性和雌性发病率相同，但雌性血糖浓度稍低于雄性。雄性在 14～16 周龄时出现 2 型糖尿病，即出现血糖升高、心率降低、心肌萎缩等症状，与人类 2 型糖尿病心脏病进展极为相似，并有显著的心肌肥大、间质纤维增生和持续的心肌细胞凋亡，常用于糖尿病并发心脏病动物模型研究。

（3）db/db（Diabetes）小鼠　db/db 小鼠由近交系 C57BL/KS 小鼠单隐性基因突变

后培育而成，属 2 型糖尿病模型。db/db 小鼠在 1 月龄时开始贪食及发胖，继而产生高血糖、高胰岛素血症、胰岛素抵抗、高甘油三酯血症，一般在 10 个月内死亡。

（三）转基因技术建立的糖尿病动物模型

1. GK/IRS–1 双基因敲除小鼠

将小鼠葡萄糖激酶基因外显子用新霉素抵抗基因取代制成目标载体杂合入正常小鼠，制得 GK–/– 小鼠。IRS–1–/– 小鼠表现为胰岛素抵抗，但由于 β 细胞代偿性增生，胰岛素分泌增多，糖耐量正常。β 细胞特异 GK 表达降低的小鼠，显示轻度糖耐量异常。两者杂交产生的 GK/IRS–1 双基因敲除小鼠，糖耐量减退、肝细胞和胰岛 β 细胞葡萄糖敏感性低下，表现 2 型糖尿病症状。

2. IR+/–/IRS–1+/– 双基因敲除杂合体小鼠

IR+/– 和 IRS–1+/– 单个基因敲除杂合体小鼠无明显临床症状。但 IR+/–/IRS–1+/– 双基因敲除杂合体小鼠 4 ～ 6 个月后 40% 小鼠发生显性糖尿病，伴有高胰岛素血症和胰岛 β 细胞增生，从而制得 2 型糖尿病动物模型，存在明显胰岛素抵抗。

3. MKR 小鼠

骨骼肌胰岛素样生长因子 –1（IGF-1）受体的功能缺失的 MKR 小鼠，由于杂交型受体的形成，表现为胰岛素受体的功能缺失。MKR 小鼠在出生 3 周开始，出现显著血糖升高，5 周后即表现出显著的胰岛素抵抗、高血糖、胰岛 β 细胞功能紊乱及脂代谢紊乱等。

三、中枢神经系统疾病动物模型

（一）脑缺血动物模型

脑动脉来自双侧颈内动脉和椎动脉。阻断支配脑组织的血管，可模拟人脑卒中的病理模型，供病理、生理、生化研究和评价药物之用。临床和实验性脑缺血包括全脑缺血和局部脑缺血。局部脑缺血模型有阻断大鼠大脑中动脉法（MCAO）、沙土鼠一侧颈动脉结扎法、光化学法引起大鼠局部脑血栓法、颈动脉内注入血栓法等。

【例】线栓法阻断大鼠大脑中动脉致局部脑缺血模型

模型制作：选成年 SD 大鼠，麻醉后固定，剃去颈部被毛，局部皮肤消毒后，切开右侧颈部皮肤，分离和结扎右侧颈总动脉、颈外动脉及其分支。在右侧颈内、颈外动脉分叉处剪一小口，将直径 < 0.3mm 的尼龙线插入小口，经颈内动脉缓缓插至大脑中动脉起始部，堵塞大脑中动脉开口，造成脑组织局部缺血。1 ～ 3 小时后，缓慢退出尼龙线实施再灌注。模型动物在再灌注后即有行为障碍症状，3 ～ 6 小时达高峰，12 小时后症状减弱。缺血坏死区主要位于视交叉后 2 ～ 4mm 脑皮质；脑缺血 1.5 小时后，脑梗死体积有上升趋势。

注意事项：采用本方法复制模型的关键是对尼龙栓线头端的预处理，如在栓线头部加热钝化，前端涂以 L- 多聚赖氨酸并蘸取肝素以防止发生继发血栓，尼龙线插入的深度以 17 ～ 19mm 为宜，具体长度可通过"同身寸"法计算栓线深度。

（二）阿尔兹海默病动物模型

阿尔兹海默病（Alzheimer's disease，AD）是一种以进行性记忆力减退、认知功能障碍和行为异常为临床特征，以脑萎缩、大脑皮质和海马区出现 β 淀粉样蛋白（β amyloid protein，Aβ）聚集形成的老年斑（senil plaque，SP），以及脑神经细胞内 Tau 蛋白异常聚集形成神经元纤维缠结（neurofibrillary tangle，NFT）为病理特征的神经变性疾病。常用的动物模型制备方法主要有胆碱能损伤法、快速老化法、Aβ 脑内注射法。

【例】β - 淀粉样肽（Aβ）脑内注射致痴呆大鼠模型

模型制作：成年雄性大鼠，麻醉后固定头部于立体定位仪上，头顶部正中切口，暴露颅骨面，分别在左右两侧海马背侧缓慢插入内径为 0.25mm 中空不锈钢管，以前囟点作为三维坐标系的参考点（零点），后 1.3mm、左 1.3mm 处为穿刺点，自脑表面进针 4.0mm，在 5 ～ 10 分钟内，用恒速推进泵向双侧海马内各注入 Aβ 1 ～ 40（或 Aβ 25 ～ 35）5μL（10μg，溶于无菌生理盐水），留针 5 分钟后缓缓退出。受试动物于术后恢复 10 ～ 14 天，然后进行学习及记忆功能测试。

注意事项：实验鼠术前需要禁食，否则易引起大鼠腹胀气。去除颅骨表面结缔组织时，钻孔位置尽量去除干净。

（三）抑郁症动物模型

抑郁症是一类以情绪低落为主要特征的情感性精神疾患，呈慢性、反复性发作。其病理机制尚未彻底阐明，主要表现为情绪持久低落、思维迟缓和意志活动减退等。为了研究抑郁症的发病机制及开发抗抑郁症新药，人们陆续建立了一些抑郁症动物模型。目前，比较经典的模型制备方法有应激法、药物法、嗅球切除法。

【例】小鼠悬尾实验模型

模型制作：将动物从居住环境带入实验环境应适应一段时间，通常至少 1 小时。实验环境应保持安静，突然大的噪声会使小鼠惊慌失措。将小鼠的尾部套上尾巴攀爬阻止器，将小鼠尾部后 1/3 处用胶带固定，见彩插图 8-3（A），悬挂于支架上，见彩插图 8-3（B）。观察并记录其在 6 分钟内搅动与静止的持续时间。仅有前肢但没有后肢介入的小动作可判断为不动；因惯性产生的摆动可判断为不动。实验结束后，将动物放回鼠笼，轻轻将胶带从尾巴上拉下来，避免给动物带来痛苦。每次实验完成，收集粪便和尿液，彻底擦拭实验装置。

数据分析：测量主动运动时间为主，总时间减去主动运动时间即静止时间。主动运动的表现包括摇晃、伸手、试图跑动，见彩插图 8-3（C）。随着老鼠开始疲倦，运动变得更加微妙，直到只有前腿在运动，这不算是主动运动。如果老鼠只是由于先前的运动而摆动，那么它也不被视为主动运动，见彩插图 8-3（D）。

注意事项：该方法是一种急性行为绝望模型，常用于抗抑郁药的初筛，是一种评价抗抑郁药物药效简单易行的方法。悬尾实验应该注意避免使用异常重的小鼠（用于模拟肥胖的小鼠），因为小鼠只能通过它们的尾巴来支持它们的体重，这对小鼠来说是痛苦的。在这种情况下，实验者应该寻找替代性的测试，如强迫游泳实验。对悬尾实验装置的要求是每只小鼠的参考实验空间为15cm×宽11.5cm×高55cm，进行多通量实验时，为防止动物彼此观察或互相影响，中间用隔板隔开；动物悬挂在隔间中间，宽度和深度足够大，不能与墙壁接触。悬挂后动物鼻尖与设备底板之前的参考距离在20～25cm；底部建议放置一个可拆卸的托盘，收集粪便或尿液；为了方便分析，白鼠使用黑色背景，黑鼠使用白色背景。悬挂用的胶带应牢固地粘贴在小鼠尾部和悬挂杆上，并且足够坚固以承受正在测试的小鼠的重量。但是，胶带不应该过于黏滞，因为在实验结束会从尾部移除；胶带尺寸应统一，长度17cm，从一端2cm做标记，见彩插图8-3（E）。这个2cm的部分用于将胶带连接到尾部，而剩余的15cm用于悬挂小鼠；胶带应贴在尾部的尾端，尾部留2～3mm的距离。小鼠在实验过程中，会出现追求和攀爬它们自己的尾巴的现象，将一段塑料管切成4cm长中空圆柱体（内径1.3cm左右，1.5g）放置在小鼠尾巴周围就能防止这种尾巴爬行行为，见彩插图8-3（F）。

第三节 中医证候动物模型

一、中医证候动物模型的定义

中医证候动物模型是指在中医整体观念及辨证论治思想的指导下，运用脏象学说和中医病因、病机理论，在动物身上模拟复制人类疾病原型的某些特征及中医病理证候并加以研究，可以为中医临床辨证和治疗用药提供科学依据，是与人体中医证候表现相同或相似的实验动物。

中医证候动物模型研究包括中医实验动物研究和中医动物实验方法研究。前者主要是研究如何按证候需要创造病理模型选择动物，后者则主要研究适合证候需要的动物实验方法。中医证候动物模型研究的目的是科学评价证候动物模型与临床证候的相似关系，为探讨中医脏象本质及证候发生的病理生理机制，探讨中医理法方药的作用机理及其疗效的物质基础，是中医动物实验研究体系中的一个重要组成部分。

二、中医证候动物模型的研制发展历程

自20世纪60年代以来，借鉴西医学制作疾病动物模型的思路和方法，国内学者展开了大量的中医证候动物模型研究，建立起包括肾阳虚证动物模型在内的200余种中医证候动物模型。这些模型在中医各个学科得到广泛的应用，推动了中医学实验研究的发展和中医药的现代化。

有学者总结后认为，中医证候动物模型的研制经历了以下四个时期。

第一时期为散在发生期，研究模型种类少，没有形成趋势或集约力量。研制者均在西医机构，没有中医机构参加。研究工作对中医学界并未产生影响。

第二时期为方法尝试期，中医学界认识动物模型实验方法在中医研究中的重要性，

故此项工作得以迅猛发展，但在方法论上有较大分歧。因此，许多模型创立后难以付诸应用，主要用于探索如何在造模上体现中医特色。

第三时期为初步总结期，由于中医动物模型研究的不断增加、学术上的日趋成熟，中西医结合学界要求从组织、理论上加以把握，从而促使它从前学科走向常规学科，从而成为方法尝试期向实用验证期转变的准备、过渡阶段。

第四时期为实用验证期，在方法论逐渐减少的同时，造模为实用服务的目标得到确立，造模方法和技术也趋于实用，并在实践中予以应用和验证，这表明中医证候动物模型这一新学科已步入了科学、稳定发展的轨道。

三、中医证候动物模型的种类

迄今为止的中医证候动物模型，覆盖广泛，包括脏腑辨证、气血津液辨证、六淫辨证、卫气营血辨证、八纲辨证、六经辨证等。其中，以脾虚、肾虚、血瘀证最多。

按照脏腑辨证，包括肾虚证（肾阴虚、肾阳虚证）动物模型、脾虚证动物模型、肝脏证候（肝郁、肝阳上亢）动物模型、心脏证候动物模型（心气虚）、肺脏证候动物模型等。

按照气血津液辨证，包括气虚证动物模型、血虚证动物模型、血瘀证动物模型等。

按照六淫辨证，包括寒证、热证动物模型。

按照卫气营血辨证，包括温病动物模型。

四、中医证候动物模型的造模方法

从传统中医临床研究到中医动物实验研究，要围绕临床思维的科学化预处理、研究方法实验化和研究对象（证候）的载体动物化三个思维上的转变进行。体现在具体实验中，即首先要确立和规范临床诊断标准，在此基础上依据动物特点确定在动物上的诊断标准、选择动物并进行实验设计。

（一）中医证候动物模型的造模方法

根据造模原理不同，中医证候动物模型造模方法大体可以分为以下类型。

1. 中医病因模型

根据中医病因学说理论，研究建立各种证候动物模型，多通过改变动物的生理状况或生活环境，如冷水浴制造阳虚模型，以及温湿箱加高糖、高脂饮食制作温病湿温之湿热中阻模型。还有利用中药四气五味特性制成的特色模型，如青皮、枳壳、附子制作的糖尿病气阴两虚证动物模型。

2. 西医病理模型

由于某些药物的不良反应或手术后所致特异性病理改变与中医某些证候中典型的病理改变相一致，因此将该种病理模型作为中医证候模型。例如，用利血平造模形成的脾虚证模型、高分子右旋糖酐造模形成的血瘀证模型、大肠杆菌内毒素造模形成的温病动物模型。

3. 中医病因加西医病理模型

综合上述两种模型的优势，较贴近理想的中医病证模型。如以 Ⅱ 型胶原免疫所致关节炎动物模型为基础，以风寒湿痹为外因、肾虚为内因的学说为依据，利用中西医结合肾本质研究的成果，采用复合因子方法制作痹症动物模型。但由于中西医的发病机制不同，具体相关性尚有待深入研究，故该种模型目前应用较少。

（二）中医证候动物模型的证候信息采集及辨证依据

中医证候动物模型的证候信息采集可借鉴中医临床的望、闻、问、切诊疗方法，通过对动物症状和体征的观察，结合现代实验室仪器检查对动物进行辨证。在观察动物症状和体征时，应尽可能采用客观性指标，并使之量化。

1. 症状

观察其饮食、寒热、面色、二便、活动度、神色、舌色、爪色、尾色、毛色、体重、形体虚实、呼吸、眼神、耳、鼻、唇、腹、二阴、爪和尾显微拍照（颜色、胖瘦、光泽、爪舒展、爪伸展、爪老嫩、爪洁净、爪溃烂）、闻气味等。

2. 体征

体温、心率、脉、舌、步态、肌力、神经功能等。

3. 病理改变

相关病变系统、器官的病理组织切片，观察具体病理改变。

4. 生化指标

目前实证的生化指标，主要根据具体病变系统和器官而定。如中风血瘀证观察血液流变学改变和脑虚证所涉及的指标，以免疫学相关指标为主，其他指标相对较少。

5. 分子生物学指标

基因芯片技术目前在中医药科研中得到广泛应用。当使用某证候动物模型，或在疾病模型基础上通过辨证区分为不同的证，了解主要的病变组织后，可以利用基因芯片技术，观察有关组织基因的变异，以了解证与证、证与病、证与体质之间的差异。

6. 治疗反证

将针对该证候的方药使用于相应的证候模型动物，观察是否有效，以反证该模型的可靠性。

五、常用的中医证候动物模型

（一）脾虚证

1. （苦寒）泻下致脾虚证动物模型

KM 或 NIH 小鼠，雌雄均可，体重 18 ～ 22g。大黄水煎液灌胃，平均每只每天 28g/kg，用药 5 ～ 40 天。造模后动物出现便溏、脱肛、纳呆、腹胀、消瘦、四肢不收、毛枯槁、畏寒、体重降低、活动频度下降、耐寒力降低、游泳时间减少等情况。

2. 饮食失节致脾虚证动物模型

KM 小鼠，雌雄均可，体重 18～22g。只喂饲甘蓝或白菜，每 2 天加喂猪脂 1 次，数量不限，造模 9 天。造模后动物出现体重减轻、体温下降、纳呆、毛枯槁、畏寒、便溏、泄泻、脱肛、消瘦、萎靡不振、反应迟钝、行动迟缓、四肢无力等情况。

3. 利血平致脾阳虚证模型

KM 小鼠，雄性，体重 30g。腹腔注射利血平，每只每天 0.3mg/kg，用药 14 天。造模后动物出现腹泻、体温低下、摄食量减少、懒动、消瘦等情况。

（二）肾虚证

1. 恐伤肾致肾虚证动物模型

KM 小鼠，雄性，体重 30～40g，猫吓鼠，将猫与鼠关在套笼中仅以网隔开，强度 4 小时 / 天，造模 7 天，另每天上、下午各拿 1 只活鼠喂猫示众。动物在实验过程中先惊恐，后转为适应或木僵，体重减轻或增长减慢。

2. 肾上腺皮质功能改变致肾虚证动物模型

KM 小鼠，雌雄均可，体重 16～25g。醋酸可的松注射液肌内注射，每只每天 24.4～48.8mg/kg，用药 14 天。造模后动物出现竖毛、毛无光泽、拱背少动、反应迟钝、尿液白浊、体重下降或增长缓慢、体温下降、耐寒能力降低等情况，甚至发生死亡。

3. 羟基脲致肾阳虚模型

KM 小鼠，雄性，体重 20～24g，羟基脲片灌胃，每只每天 300～400mg/kg，用药 14 天。造模后出现体温降低、少动等情况。

4. 自然衰老肾阳虚模型

KM 小鼠，雌雄均可，饲养至 24 月龄以上。小鼠出现体重增加、少动；雌性小鼠卵巢和子宫萎缩，类似于《黄帝内经》描述的肾虚"天癸竭"。

（三）肝郁模型

1. 艾叶注射法致肝郁证动物模型

Wistar 大鼠，艾叶注射液 2mL（含生药 2.0g）腹腔注射，每日 1 次，半月后改为隔日 1 次；KM 小鼠，艾叶注射液 0.6mL（含生药 2.0g）腹腔注射，每日 1 次。均约注射后 40 天左右形成模型。

2. 夹尾法急性激怒致肝郁证动物模型

Wistar 大鼠，雄性，体重 300～400g。每 3 只大鼠同笼，笼的尺寸为 20cm×20cm ×20cm。用尖端包裹纱布的止血钳夹其中一只动物尾巴，令其与其他大鼠厮打，间接激怒全笼其他大鼠，每次刺激 30 分钟，以不破皮流血为度，每隔 3 小时刺激 1 次。每天 4 次，造模 2 天后则见大鼠间争斗减弱、饮水食量减少、困倦、毛发枯黄、体重下降，似有脾虚证候。

（四）寒证

1. 风寒证模型

KM 小鼠或 NIH 小鼠，雄性，体重 18～22g。风寒刺激箱〔温度（10±2）℃，风速 2.5m/scc，相对湿度 75%〕连续吹风 10 小时，中间停止 1 小时，以便动物摄取饮食。造模后小鼠出现畏寒喜暖、蜷缩、活动减少、直肠温度下降等情况。

2. 冰水灌胃致寒实证模型

Wistar 大鼠，雌雄各半，体重 180～200g。麻醉下采用 20% 醋酸微量注射法制备胃溃疡模型，然后胃饲冰水 2mL/100g，每天 2 次，至第 7 天。造模后大鼠中脘穴区温度降低。

（五）热证

1. 啤酒酵母或干酵母皮下注射致热证模型

Wistar 大鼠，雌雄均可，体重 200～280g。背部皮下注射 10% 鲜啤酒酵母悬浮液 3mL/kg；或 20% 酵母悬液 10mL/kg。造模后大鼠在 4～6 小时体温明显升高。

2. 大肠杆菌内毒素里热证模型

Wistar 大鼠，雄性，体重 200～280g。尾静脉注射大肠杆菌内毒素 80μg/kg。造模后 80 分钟体温上升达高峰，通常在注射大肠杆菌内毒素后 120 分钟体温恢复正常。

（六）血瘀证

1. 寒冷刺激性致寒凝血瘀证模型

KM 小鼠，雄性，体重 24～31g。用 3 份冰加 1 份结晶氯化钙粉碎混合，制成冰袋；用褪毛剂将小鼠双侧后肢被毛除去；用冰袋围置后肢，温度降至零下 20℃，分别冷冻 0.5 小时、1 小时。造模后小鼠后肢皮肤苍白、冰冷；复温后局部皮肤红、肿、瘀血。

2. 局部肾上腺素滴注致血瘀证模型

KM 小鼠，雄性，体重 28～30g。乌拉坦静脉麻醉，使小鼠仰卧固定，在中下腹做正中切口，打开腹腔后，取回盲部肠襻，轻轻从腹腔中拉出，平铺在装有 38℃左右灌流液的肠系膜灌液盒中的圆形观察台上。灌流液从灌流瓶中流入导管，经恒温水浴加热，再通过塑料导管流入灌流盒，由输液泵排出，使灌流盒中灌流液进出速度相同，恒温在 38℃。鼠仰卧位，使灌流盒置于显微镜载物台上，在制备好的小鼠肠系膜循环标本上局部滴注肾上腺素（1∶1000）5μg。可以从镜下观察小鼠肠系膜循环在滴注肾上腺素前后的改变。

3. 脑内血肿血瘀证模型

KM 小鼠，雄性，体重 30～35g。浅麻醉下摘除右侧眼球，用无菌 0.5mL 注射器取血 0.2mL，迅速注入同一动物左侧大脑半球中部（中骨缝偏左 1mm，左眼眶眉棱骨上 4mm，深度 0.4mm），使动物造成左侧大脑半球内血肿，出现偏瘫。

4. 肿瘤接种血瘀证模型

KM 小鼠，雄性，体重 18 ～ 22g，$2×10^6$ 个 S180 肿瘤细胞 0.2mL 于右上肢腋窝内接种。接种肿瘤细胞大约一周后，腋下出现肿块，固定不移。经实验室人员检测，血小板聚集率呈高聚集变化。

（七）血虚证

1. 乙酰苯肼致血虚证模型

KM 小鼠，雌雄均可，体重 18 ～ 21g。乙酰苯肼溶液皮下注射 1.5 ～ 3mg/10g，1 次；或隔 3 天再注射 1 次。造模后动物出现溶血性贫血，成模率高。根据溶血严重程度不同，可出现血虚、气虚，甚至阳虚表现。

2. 放血致血虚证模型

KM 小鼠，雌雄均可，20 ～ 27g。将鼠尾部以 75% 乙醇反复擦拭，使之充血后剪去尾尖 0.25 ～ 0.75cm；并将鼠尾浸入 37 ～ 40℃水中，每次失血达 0.5mL，隔日 1 次，共 3 次。造模后动物有气血虚表现，但持续时间短，易于恢复。

（八）气虚证

1. 控食、强迫跑步、普萘洛尔致气虚证模型

BALB/c 或 KM 小鼠，雌雄均可，体重 22g，单笼饲养。小鼠在电动跑台上无电刺激运动，每天 10 分钟，共 3 天；淘汰无法适应跑台跑步的小鼠。每只小鼠每日给饲料 15g/100g（基础饮食量）：每天在电动跑台上电刺激强迫跑步，速度为 18m/min，至力竭（实验中以小鼠落后在电极附近 5 次为标准）；连续 12 天。第 13 天起普萘洛尔溶液灌胃，每只每天 2.4mL/100g，用药 4 天。造模后动物可见气虚表现。若采用单因素诱导气虚，更符合临床实际。

2. 环磷酰胺致气虚、阳虚模型

KM 小鼠，雄性，体重 22g。每只小鼠大剂量连续注射 1 次（50 ～ 200mg/kg）；或小剂量注射 10mg/kg，用药 14 天。造模后动物可见气虚、阳虚表现，成模率高，适用于化疗药物导致的不良反应研究。

主要参考书目

1. 陈民利，苗明三. 实验动物学［M］.10 版. 北京：中国中医药出版社，2020.

2. 贺争鸣，李根平，朱德生，等. 实验动物管理与使用指南［M］. 北京：科技出版社，2016.

3. 秦川，张连峰，魏泓，等. 实验动物学［M］.3 版. 北京：人民卫生出版社，2010.

4. 崔淑芳，陈学进. 实验动物学［M］.4 版. 上海：第二军医大学出版社，2013.

5. 陈小野. 实用中医证候动物模型学［M］. 北京：北京医科大学、中国协和医科大学联合出版社，1993.

彩插图

A. 小鼠向前爬行　　　　　　　　　B. 保定小鼠

彩插图 7-1　小鼠的捉拿保定（双手操作）

A. 夹住小鼠尾根　　　　　　　　　B. 保定小鼠

彩插图 7-2　小鼠的捉拿保定（单手操作）

A. 大鼠向前爬行　　　　　　　　　B. 保定大鼠

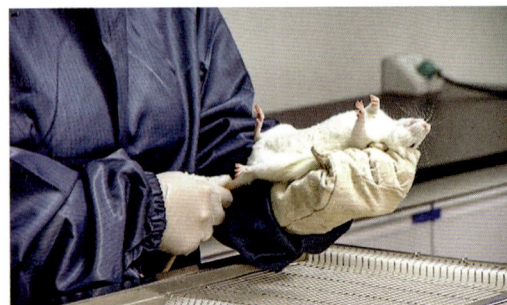

彩插图 7-3　大鼠的捉拿保定

彩插图 7-4　小鼠的染色标记

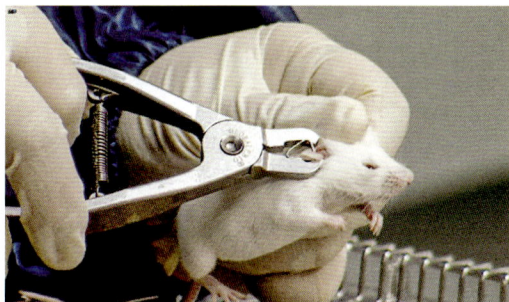

A. 小鼠打耳号

B. 小鼠打好耳号后

彩插图 7-5　小鼠的耳号标记

A. 小鼠保定

B. 预测深度

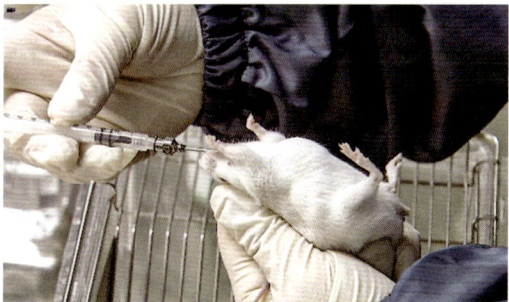

C. 小鼠灌胃中

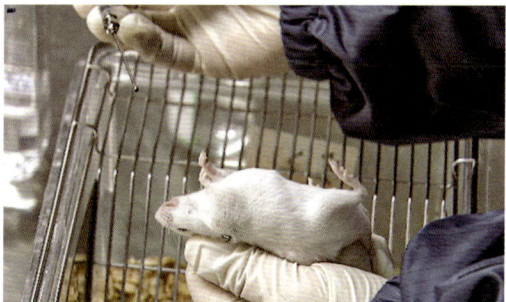

D. 小鼠灌胃后

彩插图 7-6　小鼠的灌胃

A.注射部位消毒

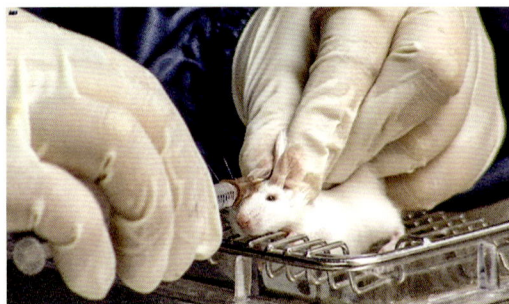

B.皮下注射

彩插图 7-7 小鼠的皮下注射

A.注射部位消毒

B.腹腔注射

彩插图 7-8 小鼠的腹腔注射

A.突出眼球

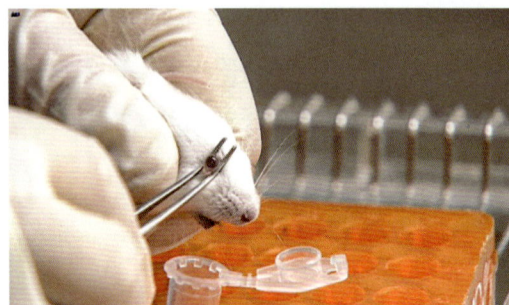

B.摘取眼球

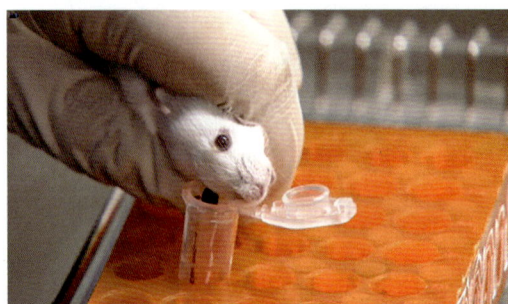

C.收集血液

彩插图 7-9 小鼠摘眼球采血

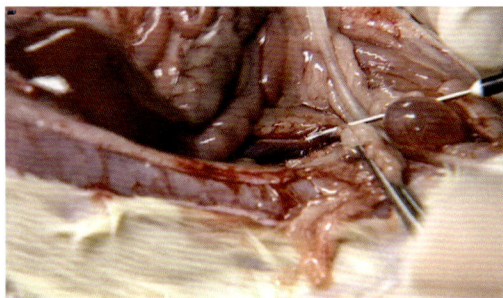

A. 进针

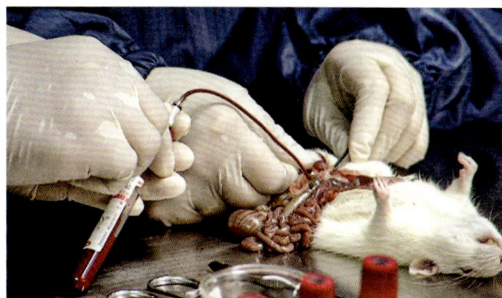

B. 收集血液

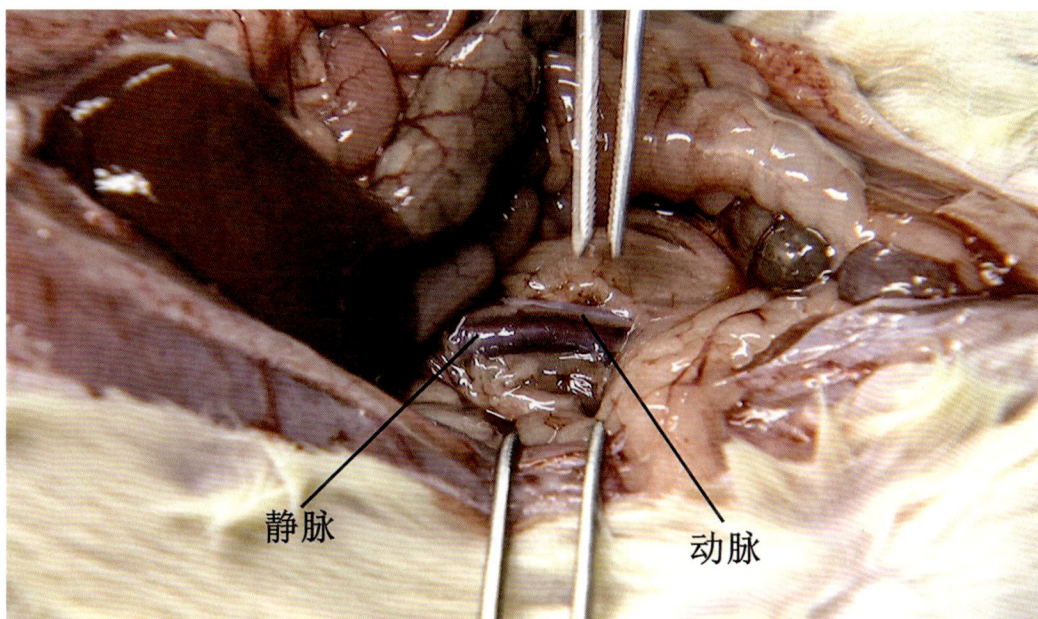

静脉　　　　　　　　　　　　　　动脉

C. 静脉动脉的区分

彩插图 7-10　大鼠腹主动脉采血

A. 小鼠安乐死

B. 浸泡消毒

C. 剥离瘤体

D. 瘤组织剪成小块

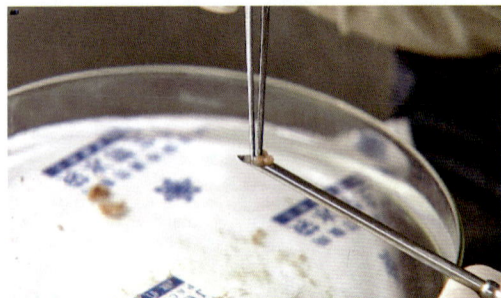

E. 放置瘤块

F. 注射部位消毒

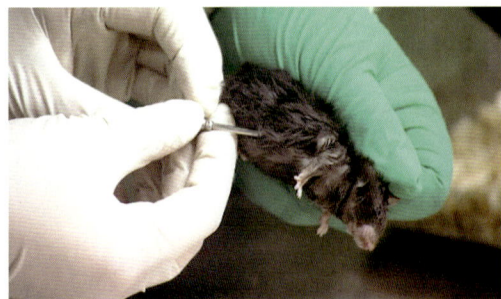

G. 套管针皮下穿行

H. 瘤块留在腋下

彩插图 8-1 小鼠皮下组织块法移植瘤模型的建立

A. 注射 STZ 溶液

B. 灌胃葡萄糖溶液

C. 采尾尖血

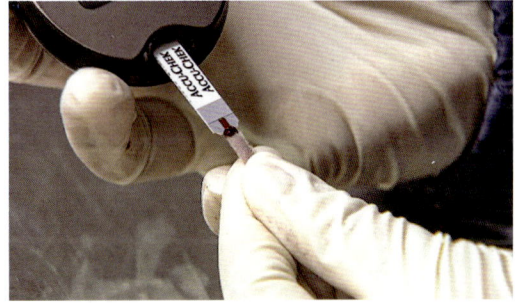

D. 血糖测量

彩插图 8–2　STZ 诱导 2 型糖尿病大鼠模型的建立

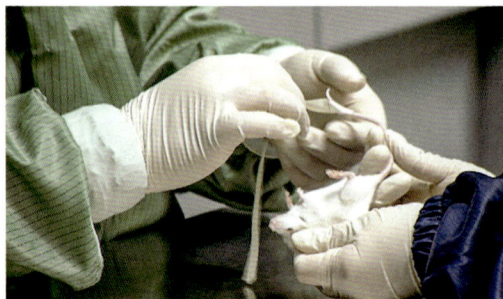

A. 固定胶带

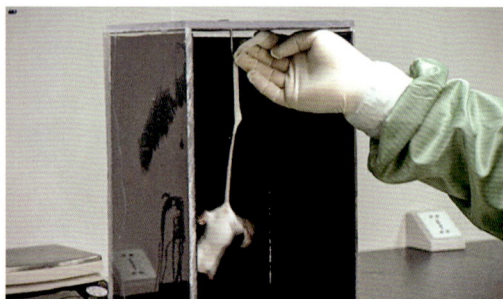

B. 悬挂小鼠

C. 主动运动

D. 非主动运动

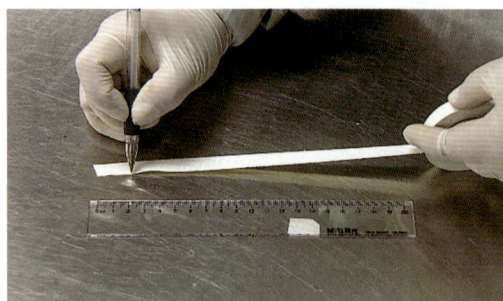

E. 标记胶带

F. 攀爬阻止器

彩插图 8-3　小鼠悬尾实验模型的建立